몸이 따끈따끈!
내 몸을 살리는 레시피 73

생강 365일

생강은 대단하다!

생강은 저력 있는 식재료이다.

주로 요리의 메인 재료가 아닌 부재료로 쓰이지만

생강의 존재는 생각보다 큰 힘을 발휘한다.

최근에는 몸을 따뜻하게 하고, 대사를 증진시키는 효능이 주목을 받아 과학적인 분석까지 이루어지고 있다.

또한 생강은 응용 범위가 매우 넓은 만능 향미 채소답게 동서양의 어떤 요리와도 조화를 이룬다.

이 책에서는 일식에서 사계절 내내 소량의 생강을 첨가해 먹는 식습관을 소개하고, 이와 아울러

생강에 관련된 특별한 레시피를 소개하고자 한다.

영양사 15년의 요리 경력을 살려 어디에서든

쉽게 구할 수 있는 재료로 누구나 간단히 만들 수 있는 레시피를 엄선하였다.

이 책이 여러분의 맛있는 식탁과 건강에 도움이 되기를 바란다.

와카미야 히사코

채썰기

바늘썰기

깍뚝썰기

몸이 따끈따끈!
내 몸을 살리는 레시피 73

생강 365일
CONTENTS

• 봄 · 여름편 •

생강의 철저하게

생강은 냉증을 해소시키는 효과가 있다. 그리고 이 특별한 향신료가 갖고 있는 다양하

1 냉증 해소

생강의 매운 성분인 진저롤이나 쇼가올에는 혈액 순환을 촉진시키는 성분이 포함되어 있다. 이러한 효과는 체온이 상승하고 냉증을 해소하는 데 도움을 준다. 특히 생강에는 손끝이나 발끝 말단 조직의 혈관을 넓혀 원활한 혈액 순환을 도와 손발을 따뜻하게 만드는 성분이 포함되어 있다.

Power 2 면역력 증진

체온이 1도 올라가면 면역력은 5배 높아진다. 몸을 따뜻하게 해주는 생강의 효능에 의해 체온이 상승하면 면역력 또한 함께 상승하게 되는 것이다. 이와 더불어 진저롤 백혈구의 수치를 증가시킴과 동시에 움직임을 촉진하여 면역력을 증가시킨다. 면역력이 강화되면 암이나 알레르기 증상을 물리치는 작용이 촉진되어 면역계 질환 치유에도 도움이 된다.

Power 3 대사 증진 & 다이어트 효과

생강을 먹으면 교감 신경의 활동이 활발해져 에너지 소비량이 증가한다. 이때 생강을 지속적으로 섭취하면 몸의 신진대사가 활발해지기 때문에 다이어트에도 효과적이다. 또 생강에는 강한 발한 작용이 있어 체내에 남아 있는 여분의 수분이 배출되기 때문에 부종이 해소되어 다이어트에도 많은 도움이 된다.

Power 4 해독 작용

강한 발한 작용을 비롯해 순환 기능을 활성화시키는 작용이 배뇨, 배변 활동을 촉진해 불필요한 독을 제거하는 해독 효과가 있다. 생강은 체내에 있는 독소를 배출해 몸속을 정화하는 동시에 몸 밖으로부터의 각종 바이러스에 대한 방어 기능이 활성화되어 다양한 병을 예방하는 효과가 있다.

냉증을 해소하는 생강의 힘은 대단하다!

생강을 활용한 요리와 음료를 섭취하면 몸속이 따뜻해진다.
혈액의 흐름을 원활히 하여 체온을 높이는 생강의 역할은 실제로 오래전부터 널리 알려진 사실이다. 이러한 효과에는 즉효성이 있기 때문에 먹으면 바로 손끝과 발끝이 따뜻해지는 것을 느낄 수 있다.
현대인들은 생활 식습관 변화와 스트레스, 운동 부족 등의 이유로 몸이 점점 더 차가워지고 있다.

냉증을 잡는 효과 No.1 식재료인 생강을 적극 섭취하여 냉증으로부터 벗어나길 바란다. 또한 생강을 꾸준히 섭취하면 신진대사가 원활해져 다이어트 효과와 피부 미용 효과를 볼 수 있을 것이다.

힘을 Power! 부석한다

용은 단순히 몸의 열을 올리기만 하는 것이 아니다.
라운 효능을 밝혀낸다.

Power 7 살균 작용

바이러스성 질환을 일으키는 세균이나 대장균, 살모넬라균 등의 식중독균, 수충 등의 진균에 대한 강한 항균 작용을 한다. 또한 기생충을 몰아내는 역할도 한다.

맑은 혈액의 유지

생강의 향에 포함되어 있는 성분인 세스퀴테르펜은 궤양을 예방하고 혈소판의 응고를 막는 작용을 한다. 생강의 주 성분인 진저롤은 혈관의 흡착과 뇌경색 등의 원인이 되는 혈전의 생성을 막는 역할을 하기 때문에 혈중 콜레스테롤 수치를 낮추는 효과가 있다. 이러한 상승 효과는 혈액을 깨끗하게 만들고 혈액의 흐름을 원활하게 유지해 몸을 건강하게 유지한다.

Power 5

Power 8 진통&해열 작용

진통·소염·해열 작용에 효능이 있다. 감기에 걸려 열이 날 때 생강을 섭취하면 열이 내리고 기침 증상이나 목의 통증이 가라앉는다. 관절이나 근육의 통증이 있는 부위에 간 생강으로 찜질을 하면 진통 효과가 있다.

소화 촉진& 위장 장애 완화 작용

생강의 상큼한 향이 식욕을 돋우어 위액의 분비를 촉진하는 동시에 위와 장을 자극하여 소화 기능을 촉진시킨다. 진저롤과 쇼가올은 장의 움직임을 활발하게 하여 설사를 멈추게 하고, 변비 해소에도 효과적이다. 또한 간장의 활동을 보호하는 역할을 한다는 것이 과학적으로도 증명되고 있다.

Power 6

Power 9 미백 & 안티에이징

진저롤, 쇼가올과 더불어 항산화 작용(산화되는 것을 막는 작용)을 한다는 점에서 더욱 주목을 받고 있다. 몸속 활성 산소를 제거하기 때문에 노화 방지와 개선 효과를 기대할 수 있다.

다양한 효능을 발휘하는 매운 성분이 지닌 힘

생강은 한방약을 제조할 때 사용하는 재료로, 무려 80% 가까이 사용되고 있다.
생강에 포함되어 있는 특유의 매운 성분이나 향의 성분에는 독특한 특징이 있다.
이 매운 향은 껍질의 바로 아랫부분에서 유출되는 제유에도 포함되어 있다.
또 전분질에는 살균 작용이나 항균 작용이 있는 '진저롤(gingerol)'이나 '쇼가올(Shogaols)' 성분이 포

함되어 있다. 이 두 가지가 바로 생강 파워의 주요 성분이다.

이 책에서는 대사와 면역력의 증진 등의 효능을 가진 생강의 파워 요인들을 소개해 독자들이 건강한 몸을 만드는 데 도움을 주고 있다.

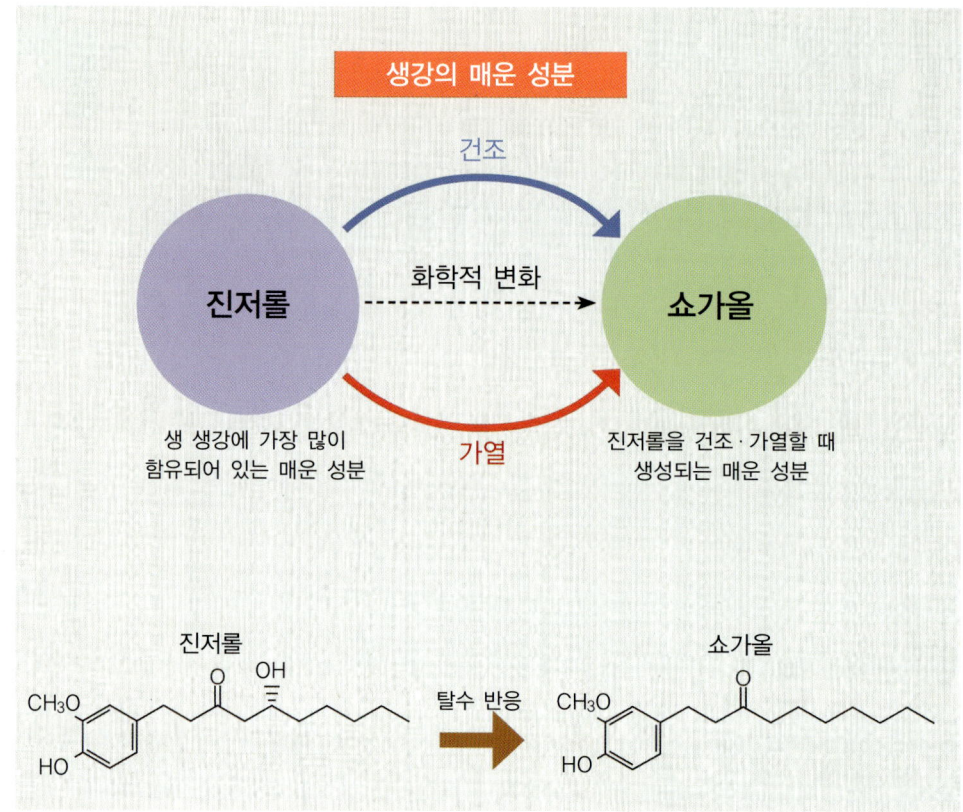

생강의 매운 성분

건조

화학적 변화

진저롤 → 쇼가올

가열

생 생강에 가장 많이 함유되어 있는 매운 성분

진저롤을 건조·가열할 때 생성되는 매운 성분

진저롤

탈수 반응

쇼가올

체온을 상승시키는 효과의 주역!
진저롤과 쇼가올

생강의 영양 성분에는 칼륨과 칼슘, 그리고 소량의 비타민이 함유되어있지만 매운 성질을 띠는 성분인 '진저롤'과 '쇼가올'도 풍부하게 함유되어있다.

이 두 가지의 성분이 바로 몸을 따뜻하게 해주는 주요 성분이다.

이 두 가지 성분 외에도 '진저론(Zingerone)'이라고 하는 매운 성분은 진저롤이 분해되면서 생성되는 성분으로 강한 매운맛이 난다는 특징이 있다.

생 생강에 특히 많이 함유되어 있는 것이 진저롤 성분이다. 쇼가올과 진저론도 이 진저롤에서부터 만들어지며, 쇼가올은 진저롤의 탈수 반응(건조)에 의해 만들어진다.

생강 성분의 90% 이상은 수분이지만, 보존 중에 건조되면서 진저롤의 일부가 쇼가올로 변화한다.

진저롤은 열에 의해서도 쇼가올로 변화한다. 진저롤이 혈류를 개선하여 몸의 말단부터 혈관을 넓히는 작용을 한다면, 쇼가올은 위장의 벽을 자극함으로써 혈류를 높여 몸속 깊은 부분의 열을 만들어내는 활동을 한다.

추운 겨울엔 따뜻하게 보내고 여름엔 냉증으로부터 우리의 몸을 지키는 데 있어 몸속을 따뜻하게 해주는 생강의 힘은 믿음직스럽다. 좀 더 효과적으로 생강의 힘을 이끌어내기 위한 메커니즘을 파헤쳐보자.

건조와 가열 작업으로
몸이 따뜻해지는 효과를 증강!

 손끝이나 발끝의 신체 말단부를 따뜻하게 하는 진저롤과 몸속 깊은 곳의 체온을 올리는 쇼가올. 보온 효과를 더욱 높이기 위해서는 쇼가올을 증가시킨 뒤에 더블 효과로 데우는 것이 좋다. 즉, 말리거나 가열하여 쇼가올을 증가시키는 것이 냉증에 더욱 효과적이다.

 한방에서도 말린 생강은 몸을 데워 냉증 해소에 좋고, 생 생강은 해열에 좋다는 기록이 있으며, 민간 치유법에도 생강을 팩에 사용하면 소염 진통에 효과가 있는 것으로 널리 알려져 있다. 따라서 생 생강과 말린 생강을 알맞게 적용하는 것이 포인트가 된다.

 온몸을 데워 심장에서부터 냉증을 개선하고자 할 때는 생강 요리를 가열하여 섭취할 것을 추천한다. 말린 생강은 분말 형태로도 쉽게 구매가 가능하지만 집에서도 간단하게 만들 수 있다.
꼭 시도해볼 것을 권한다.

쇼가올이 풍부!
말린 생강을
직접 만들어 보자

 '말린 생강 칩'을 직접 만들어 보자.
먼저 생강을 1~2mm의 얇은 두께로 잘라 소쿠리나 쟁반에 펼쳐 말린다.
햇볕에 건조시키는 경우에는 하루 정도가 좋고, 실내에서 건조시키는 경우에는 1주일 정도가 좋다.

 완성된 말린 생강은 시럽과 함께 먹거나 식초와 함께 요리와 음료에 그대로 사용한다. 소량으로 나누어 보관해두면 휴대하기가 편리하다.

안티에이징 효과 역시 기대할 수 있다!
피부를 만들 수 있다. 항산화 작용으로 인한
생강의 뛰어난 효능은 다이어트나 아름다운

Diet

▌대사 증진으로 날씬해진다!
▌매운 성분이 다이어트를 돕는다

생강을 꾸준히 섭취하면 주변 사람으로부터 '날씬해졌다', '부기가 빠졌다', '체온이 정상이 되었다' 라는 이야기를 듣게 될 것이다. 생강의 성분이 체온을 높여 대사를 개선하는 동시에 강력한 발한과 배뇨를 촉진해 몸속에 쌓여 있는 필요 없는 수분을 계속 배출하기 때문이다. 흔히 냉증이나 저체온인 사람이 살이 잘 빠지지 않는 것은 냉증과 저체온이 혈류를 악화시키거나 대사가 느려지는 것과 관계가 있다. 생강을 섭취함으로써 체온이 상승하고 대사가 활발해지면 지방이 연소하기 쉬워 살이 찌지 않는 몸이 된다.

'진저롤'은 교감 신경의 활동을 활발하게 하여 지방 분해 효소인 리파아제를 활성화시킨다. 항간에는 생강 20g을 섭취하면 약 1시간 뒤에 에너지 소비량이 10% 상승한다는 데이터도 있다.

최근 들어 다이어트에 좋다는 이유로 '생강 홍차'가 주목을 받고 있는데, 이 역시 같은 작용에서 오는 효과라고 할 수 있다.

식품을 크게 분류하면 몸을 차갑게 하는 '음성 식품'과 몸을 따뜻하게 하는 '양성 식품'으로 나눌 수 있는데, 홍차는 양성 식품에 속하고, 녹차나 백탕은 음성식품에 속한다. 홍차에 '양'의 성분인 생강을 넣어 마시면 몸을 따뜻하게 하는 데 더욱 효과적이다.

혈액 순환의 촉진과 항산화 작용으로
맑은 피부 만들기 & 안티에이징

냉증은 흔히 여성에게 많이 나타나는 질환으로, 혈액의 순환이 저하됨에 따라 신진대사 역시 저하되는 결과를 초래하며, 아름다운 피부 가꾸기에도 적색 신호가 켜진다. 적극적인 생강의 섭취로 냉증을 개선하도록 하자.

몸속 혈류가 맑아지고 신진대사가 활발해지면 피부 세포도 활성화된다. 피부 미용에 필요한 산소나 영양소가 도달하는 모세혈관의 활동이 활발해져서 영양이 충분히 공급되기 때문에 피부 혈색을 되찾게 된다.

대사의 작용이 활발해지면 몸속에 쌓여 있는 노폐물도 자연스럽게 배출된다. 따라서 다크서클이나 푸석함이 가져오는 악영향을 멀리 떨칠 수 있다.

또한 생강을 꾸준히 섭취하면 기미나 뾰루지 등이 개선되거나 예방할 수 있다.

최근의 연구에 따르면 생강에는 멜라닌 색소를 활성화시키는 '티로시나제'라는 효소의 활동을 억제하는 작용이 있어 미백 효과도 기대할 수 있어 많은 사람들의 주목을 받고 있다.

이 밖에도 생강의 매운 성분에는 체내의 활성 효소를 제거하는 성분이 포함되어 있으며, 특히 '쇼가올'의 활성 산소 제거 능력은 '황산화 비타민'이라고 불리는 비타민 E의 3배나 된다.

모든 병이나 에이징(노화)의 가장 큰 원인이라 알려져 있는 활성 산소는 체내에 얽혀 있는 산소가 유해하게 변화한 것으로, 필요 이상으로 발생하였을 경우 몸이 점점 노쇠되어 가는 현상을 말한다. 결국 생강은 바로 미용과 건강의 강력한 아군인 것이다.

매일 적극적으로 섭취하면 피부 유지 & 안티 에이징 효과를 거둘 수 있을 것이다.

Antiaging

생강은 매일 조금씩 건강해지고 병에 강한 몸이 되도록 돕는다. 재료인 생강은 괴로운 병의 증상을 개선하고 예방하는 데 효과가 있다. 한방에서의 처방약 재료로 무려 80％가 쓰이고 있는 만병통치의

효능 1

감기

'감기는 만병의 근원'이라는 말이 있다. 생강을 꾸준히 섭취하면 감기에 걸리지 않는 몸이 된다. 이는 몸의 순환 기능을 개선하는 작용으로 인해 면역력이 상승하기 때문이다. 발열 증상이 있을 때 생강물을 섭취하면 발한 작용에 의해 땀을 흘려 해열 효과를 얻을 수 있다. 또한 생강에는 기침을 멈추고 염증을 제거하는 작용도 있기 때문에 감기의 제염 효과도 있다. 한방의 갈근탕 역시 갈의 뿌리나 생강을 넣으면 양의 재료로 모두 내장을 따뜻하게 해줌으로써 찬 기운을 없애주는 효과가 있다.

효능 2

위염 · 위궤양

위의 건강 상태가 좋지 않을 때, 위가 위치하고 있는 부위를 만져보면 차갑게 느껴지는 경우가 있을 것이다. 생강은 몸을 따뜻하게 하고 위장의 내벽을 자극하여 혈액의 순환을 원활하게 하고 소화 흡수를 촉진한다. 생강 향의 성분인 세스퀴테르펜에는 위궤양을 막는 작용이 있다고 알려져 있으며, 이와 더불어 생강에는 적어도 일곱 가지의 항위궤양 성분을 가지고 있다. 또한 생강은 위궤양의 원인인 헬리코박터 파일러리균이나 필로리균의 살균 작용도 있다고 알려져 있다.

효능 3

두통 · 요통 · 복통

몸의 통증은 냉기에 의해 발생하는 경우가 많다. 몸이 차갑고 혈액 순환이 원활하지 못해 발생하는 질병으로는 두통, 요통, 복통을 들 수 있다. 이러한 증상에도 생강의 몸을 따뜻하게 하는 효과와 진통 소염 작용이 도움이 된다. 두통에는 따뜻한 음료를 섭취하고, 요통에는 생강을 갈아 찜질을 하면 통증을 가라앉힐 수 있다.

효능 4

변비 · 설사

변비 해소에는 무엇보다 장의 활발한 활동이 중요하다. 생강의 지속적인 섭취로 장속 환경을 따뜻하게 만들면 발한 작용과 이뇨 작용으로 인해 수분대사를 촉진시킬 수 있다. 또 생강은 살균 작용이나 해독 작용이 뛰어나기 때문에 식중독균으로 인한 급성 설사에도 효과적이다.

효능 5

구토

매운맛을 내는 진저롤에는 구토 증상을 억제하는 성분이 포함되어 있기 때문에 멀미, 입덧, 숙취로 인한 구역질에 효과적이다. 구토는 신경 전달 물질인 세로토닌이 위장 운동을 극도로 활발하게 만들어 발생하는 증상인데, 진저롤 성분이 바로 이 세로토닌의 작용을 제어한다.

효능 6

방광염

방광염의 원인은 세균 감염이다. 특히 피로나 스트레스로 인해 체력과 저항력이 약해졌을 때 걸리기 쉽다. 방광염에 걸렸을 때는 몸을 따뜻하게 하고 면역력을 높여 배뇨를 많이 해주는 것이 중요하다. 살균 작용이 있는 생강은 방광염의 증상을 개선할 뿐만 아니라 예방의 차원에서도 최고의 약이라고 할 수 있다.

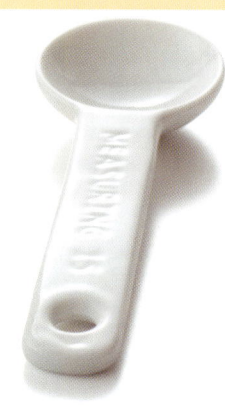

효능 7
생리불순·갱년기 장애

여성의 경우 냉증으로 복부가 차면 에스트로겐을 비롯한 여성 호르몬의 분비가 원활하지 못해 난소나 자궁의 기능 저하까지도 초래할 수 있다. 생리통이나 생리불순, 자궁 근막 등의 부인병과 갱년기 장애가 고민이라면 생강을 따뜻한 음료와 함께 마시거나 꾸준한 생강 습포 마사지로 하복부를 따뜻하게 하는 것이 중요하다.

효능 8
현기증·이명

현기증이나 이명의 원인으로는 스트레스나 불안감, 면역력 저하를 들 수 있다. 한방에서는 몸속의 물 순환이 원활하지 못해 발생하는 다양한 염증을 수포('수독'이라고도 한다)라고 하는데, 현기증과 이명이 바로 이에 해당하며, 이는 귀의 내측 림프액이 많아진 상태라고 할 수 있다. 따라서 필요 없는 수분을 배출해 혈액의 순환을 원활하게 하는 것이 중요하며, 생강은 이와 같은 역할에도 도움을 준다.

효능 12
우울증·자율신경 손상

우울증을 비롯한 신경불순은 기온이나 체온의 저하와 깊은 관계가 있다. 한방에서는 '냉증'을 그 원인으로 보고 있다. 생강은 몸을 따뜻하게 해주고 우울증을 개선하는 작용을 한다. 한방에서의 '기의 병' 치료약인 반하후박탕(半夏厚朴湯)에도 생강이 들어 있다.

효능 10
협심증·심근경색

생강에는 혈액을 맑게 하여 혈전이 생기지 않도록 돕는 성분이 포함되어 있다.
또한 심근을 자극하여 수축력을 높이고 혈액의 순환을 도와주며 동맥이나 혈압을 낮춰주는 작용을 하기도 한다. 이러한 생강의 효능은 동맥경화의 원인이 되는 협심증이나 심근경색의 예방으로 이어진다.

효능 11
뇌경색·고혈압

생강의 향의 성분인 세스퀴테르펜에는 혈소판의 응고를 막는 작용이 있다. 또 매운 성분인 진저롤에는 혈전이 생성되기 어려운 역할을 하여 혈관을 건강하게 유지하며 뇌경색이나 고혈압을 예방, 개선하는 효과가 있다.

효능 9
만성피로·여름 타는 증상

만성피로나 여름을 타는 증상이 나타나는 이유는 자율신경계의 활동이 흐트러져 혈액 순환이 원활하지 않기 때문이다. 몸을 데워주는 피의 흐름을 개선하는 생강은 이러한 증상의 해소에 많은 도움이 된다. 이와 더불어 피로 회복에 좋은 비타민 B1을 많이 함유한 식재료를 충분히 섭취하는 것이 좋다.

생강 파워 활용술

생강은 예로부터 귀한 식재료였다. '몸의 차가운 기운을 해소'하는 효과가 있는 식재료이자
진통·해열·살균 작용 등의 뛰어난 효능을 가진 생강은 우리의 일상생활 속에서
간단하게 활용할 수 있으며, 미용과 다이어트에도 많은 효과가 있다.
생강 파워를 활용하여 몸속부터 예뻐지고 건강해지자.

활용술 1 위장불순에
생강 물

생강의 매운 성분인 진저롤과 쇼가올에 포함된 발한 성분은 위액의 분비를 촉진시켜 소화 흡수를 돕는다. 위의 상태가 좋지 않아 식욕이 떨어졌을 때 생강 물을 마시면 위의 활동이 활발해져서 불쾌감을 해소할 수 있다. 또 상태가 좋지 않아 나타나는 증상인 구토나 거북한 느낌도 없애준다. 생강에는 위장을 튼튼하게 만드는 성분이 포함되어 있기 때문에 위가 약한 사람은 꾸준히 섭취하는 것이 좋다. 1일 3회 매일 식후 30분 뒤에 약 30cc씩 섭취한다.

만들어둔 생강즙은 냉장고에 보관한다.

만드는 방법
1. 생강 50g을 껍질째 슬라이스한다.
2.. 냄비에 1과 600cc의 물을 넣고 끓인다.
3. 물의 양이 반으로 줄어들 때까지 끓인다.
   이때의 양은 대략 3일 정도 섭취할 분량이 된다.

활용술 2 심한 어깨결림 증상에
생강 습포

예로부터 생강은 기침을 멈추게 하고 위를 치료하는 약재로 사용되어왔다. 지금도 한방약으로 사용하는 빈도수가 높고, 생강에 함유되어 있는 성분과 향에도 다양하고 뛰어난 효능이 많다.

생강은 근육통이나 어깨결림 관절의 통증을 없애주는 습포제로서의 역할을 하기도 한다. 오래전부터 알려져온 민간요법 중 하나인 생강 습포는 어깨결림으로 인한 증상에는 통증 부위에, 그리고 하반신이 붓는 증상에는 배 위에, 기침이 나올 때는 가슴에 올려두면 효과가 있다.

준비물
다진 생강 적당량, 가제천, 헤어드라이어
만드는 방법
1. 다진 생강을 가제천 위에 고르게 올려놓는다.
2. 1의 생강이 붙여진 쪽이 위로 향하도록 해 환부에 붙인다.
3. 화상을 입지 않도록 주의하면서 기분이 좋은 정도의 온도로 헤어드라이어의 온풍을 쐰다.

활용술 3 | 아름다운 피부를 만든다
생강 목욕

창포 목욕이나 유자 목욕은 예로부터 이어져 내려온 것이기 때문에 낯설지 않지만 생강도 건강에 매우 효과적인 입욕제 중 하나이다.

몸을 따뜻하게 해주는 생강 성분이 물속에서 우러나와 몸을 천천히 덥혀준다.

40℃ 정도의 미지근한 물에 생강을 넣고 따뜻한 물에 우려낸다.

몸이 따뜻해지고 많은 양의 땀을 흘리면 혈액의 순환이 원활해지고, 마음이 안정되며, 피부 미용에도 도움이 된다.

준비물
다진 생강 약 75g, 무명천
만드는 방법
1. 생강은 껍질째로 깨끗하게 씻고 다진다.
2. 다진 생강을 천주머니에 넣고 입구를 단단히 묶는다.
3. 2를 탕 속에 10~15분 이상 담가둔다. 건조시킨 껍질을 넣어도 효과가 있다.

활용술 4 | 괴로운 두통에
생강 우유

생강이 우유와 조화를 이루면 두통과 같은 불쾌한 증상을 억제해주는 효과를 발휘한다.

우유에 함유되어 있는 칼슘은 혈압을 안정시키고 생강의 혈액 순환 작용과 균형을 이루면서 진통 해열에 도움을 준다.

목과 폐의 통증과 관절통의 완화, 부종의 예방에도 효과적이다.

만드는 방법
1. 우유 150cc를 냄비에 붓고 데운다.
2. 다진 생강을 1/3의 양이 되도록 넣는다.
3. 꿀을 좋아하는 만큼(계량용 스푼을 기준으로 작은술1~2) 넣는다. 육두구를 약간 넣어주면 더욱 맛이 좋아진다.
4. 끓어오르기 전에 불을 끄면 완성이다.

활용술 5 | 벌레에 물려 가려운 증상에
생강 오일

생강 오일은 염좌나 타박상으로 인해 열이 나는 부위의 통증을 완화시키는 효과가 있다. 또 벌레에 물려 가려운 증상에도 효과가 있다. 피부가 쉽게 건조해지거나 민감한 피부에는 가려운 증상이나 습진이 생길 수도 있기 때문에 상태를 보면서 이용하도록 한다.

만드는 방법
1. 다진 생강을 짜내 생강즙을 만든다.
2. 생강즙과 같은 양의 참기름을 섞는다.
3. 생강 기름을 벌레에 물린 부위에 직접 바르거나 탈지면에 흠뻑 적셔 잘 흡수되도록 한 뒤 벌레에 물린 부위에 올려놓고 마사지한다.

생강의 기본

생강의 이모저모

생강의 이름은
수확 시기에 따라 다르다.
계절과 용도에 따라
알맞게 분류하여 사용하자.

햇생강

초여름부터 가을에 걸쳐 막 출하된
여린 생강을 가리킨다.
묵은 생강에 비해 껍질이 연하고
수분이 많은 것이 특징이다.
부드럽고 매운맛도 강하지 않아 생
으로 먹을 수 있고, 단술로 담가 먹
거나 된장에 절여 먹기도 한다.

잎 생강

새로운 생강이 자라나기 시작해 2~3cm가
되었을 때 이파리째로 출하하며, 초여름부터
가을에 걸쳐 판매된다. 줄기가 시작되는 부
분이 분홍색이 되는 '야나카생강', '금시생
강' 등이 유명하다. 매운맛이 덜하기 때문에
그대로 된장에 찍어 먹기도 하고, 단술로 만
들어 먹기도 한다. 곁들임 요리나 술안주로
도 인기가 있다.

묵은 생강

영양분을 가득 머금고 있을 때 수
확된 것으로, 사계절 내내 구매가
가능하다.
약 1년간 저장해두면 섬유질이 단
단해져 생강의 풍미나 매운맛이 더
깊고 강하며 향도 진하다. 양념이나
향을 낼 때, 냄새를 제거할 때 등
전반적인 요리에 폭넓게 사용된다.

산뜻한 빨간색이 음식의 흥취를 높인다!

금시(金詩) 생강

생강은 품종이 다양하지만, 금시 생강은 일본의 독자적인 품종이다.
보통의 생강과 비교했을 때 약간 작고 색깔이 진하며 향, 매운 정도가 강한
것이 특징이다. 향의 성분인 갈라놀락톤과 매운맛의 성분인 쇼가올이나
진저롤이 보통 생강의 약 4배라고 한다. 금시 생강의 씨앗은 선명한 빨간색이다.
이 또렷한 붉은색 때문에 재배하는 데도 많은 노력과 정성을 기울여야 한다.

생강 선택 요령

묵은 생강은 과육이 단단한 것이 신선하다. 껍질이 얇고 상처가 없어 매끄럽고 통통한 것이 좋다. 햇생강은 껍질이 하얗고 잎과 연결되는 부분이 빨간색이다.

잎생강은 열매가 너무 크지 않고 표면이 수분을 가득 머금어 촉촉한 것을 고른다.

추천 보존법

생강은 추위와 건조함에 약하기 때문에 주의해야 한다. 최적의 보존 온도는 15℃ 전후이다. 묵은 생강을 손상 없이 보존하기 위해서는 물에 적신 키친타월에 감싼 뒤 건조해지지 않도록 막고, 랩을 씌워 냉장고에 보관한다. 물을 적신 신문지로 대용할 수 있다. 여름의 상온에서는 냉장고의 야채실에 냉장 보관으로 2주 정도를 기준으로 한다.

햇생강이나 잎생강은 건조함에도 약하기 때문에 물에 적셔 냉장 보관한다. 보관하는 기간이 길수록 좋지 않기 때문에 빨리 사용할 것을 추천한다.

벗겨낸 생강, 유용한 활용법

벗겨낸 껍질은 버리지 않고 용기에 담아 건조시킨다. 잘 보관해두었다가 고기나 생선을 졸이거나 찜요리를 할 때 사용하거나 홍차에 넣고 진저티로 만들어 먹는 등 다양한 활용이 가능하다.

많은 양이 모이면 탕 속에 넣고 목욕을 즐기는 것도 추천한다.

생강을 현명하게 보존하는 냉장고 보존법

동그란 모양으로 싼다

장기간 보존해야 하는 경우에는 냉동 보관할 것을 추천한다. 생강을 적당한 크기로 조금씩 나누어 담아 뭉친 뒤 랩을 씌워 냉동해두면 편리하다.

사용할 때는 해동시키지 않고 얼려진 그대로 사용한다. 전자레인지로 해동을 하게 되면 수분이 빠져 마르거나 오히려 잘 나뉘지 않을 수 있기 때문에 주의한다.

간 생강은 조금씩 나누어 싼다

간 생강을 사용하기 적당한 크기로 나누어 냉동시켜둔 뒤 필요한 만큼 해동해서 사용하면 편리하다. 사용할 때마다 갈아서 준비해야 하는 수고를 덜어 시간을 절약하는 일석이조의 효과가 있다. 2g씩 적정 간격을 두고 랩을 씌운 뒤 지퍼팩에 냉장 보관한다. 이렇게 해두면 풍미도 그대로 유지하면서 신선한 상태를 오래 유지할 수 있다. 생으로 갈거나 채썰기, 다져둔 상태로 보관이 가능하다.

사용하기 편한 형태로 냉장고에 넣어두면 된다.

조리의 기본

1
껍질을 벗긴다

생강은 과육과 껍질 사이에서 향이나 풍미가 나기 때문에 껍질을 두껍게 벗기지 않는 것이 포인트이다. 칼로 껍질을 벗겨내면 생강이 작아지고 잘 벗겨지지 않는다. 이 경우 작은 스푼을 이용하면 깔끔하게 손질할 수 있다. 물을 살짝 묻혀 스푼의 모서리를 이용해 긁어내듯 벗겨낸다.

독특한 향과 매운맛을 가진 생강은 갈거나 얇게 썰어 양념으로 쓰거나 얇게 썰거나 채썰어서 풍미를 내는 등 다양하게 사용된다. 음식을 더욱 맛있게 만들기 위한 생강 다루기 비법을 익혀보자.

2
얇게 썬다

생강은 수많은 섬유질로 이루어져 있다. 따라서 조림이나 볶음 등에 사용할 때는 얇게 썰고, 더욱 짙은 향과 매운맛을 내기 위해서는 섬유의 결을 끊어주듯 썬다. 이와 반대로 양념으로 사용할 때는 섬유질을 따라 가로로 자른다. 이 방법 모두 두께 1~2mm로 자른다. 조림에 쓸 때는 껍질을 벗기지 않고 사용해야만 생강의 향긋함을 유지할 수 있다.

3
채썰기를 한다

먼저 섬유질을 따라 1~2mm의 길이로 얇게 썬다. 또 얇게 썰어 놓은 것을 가늘고 긴 모양으로 자른다. 이때 얇게 썰어 놓은 생강을 조금 비스듬히 놓고 자르는 것이 비법이다. 바늘 생강이라고 부르는 이 재료는 완성된 음식에 뿌리고 양념에 넣을 때 썰어 놓은 생강을 물에 담가두면 알싸한 맛이 적당히 빠져 아삭한 맛이 되살아난다.

잘게 다진다

4 먼저 3의 요령으로 얇게 썰어둔다. 모두 썰어두었으면 한 번에 모아 도마 위에서 가로 방향으로 놓고 썬다. 균일하지 않은 느낌으로 썰기 위해서는 더 얇게 잘라둔다. 껍질에는 향이 있기 때문에 볶음 요리에 사용할 때 껍질을 벗기지 않으면 향을 더욱 즐길 수 있다.

간다

5 생강의 면을 평평하게 한 뒤 작은 범위에서 세세하게 움직이며 갈아준다. 냉두부 요리의 양념으로 사용하거나 식감과 겉모양을 예쁘게 하려면 껍질을 벗기고 쓴다. 생강을 가는 도구도 다양하지만 세라믹재질은 이가 세세한 돌기로 되어 있기 때문에 섬유가 얽히지 않고 마무리가 깔끔한 것을 추천한다.

6

즙을 짜낸다

간 생강을 대고 손가락 끝의 힘으로 생강을 눌러 짜준다.
껍질째로 갈아서 사용해도 향이 짙어지는데, 짜낸 즙을 음료에 넣거나 두부 같이 담백한 맛이 나는 재료에 사용할 때는 생강의 껍질을 벗기고 알맹이만 사용할 것을 권장한다.

생강 1쪽이란?

요리 레시피에 '생강 1쪽'이라고 쓰여 있는 것을 보면 정확한 양을 가늠하지 못해 고민을 하게 되는데, 여기서 생강 1쪽이란 대개 엄지 1마디 정도의 크기가 기준이 되며, 이를 여성의 엄지 길이에 비유하면 손가락 한 마디 정도의 크기라고 할 수 있다. 즙을 짜지 않은 양이라면 1큰술, 잘게 썰면 1큰술이 가득 담긴 정도의 양이 된다.

생강 활용술

약간의 비법과 노력만으로 생강의 향과 손맛을 이끌어낸다.
더욱 맛있게 요리의 맛을 살릴 수 있다.

칼로 다져서 손맛을 낸다

생강은 섬유질이 많은 식재료이다. 생강을 갈면 긴 섬유질을 볼 수 있을 것이다. 여기서 약간의 수고를 더해 갈아둔 생강을 도마 위에 올려 칼의 옆날을 이용해 두들겨주면 생강의 섬유질이 잘게 나누어지기 때문에 본래 생강이 갖고 있는 향도 진해져 입에서 느껴지는 맛의 수준이 한층 더 업그레이드된다.

냉두부나 소면에 간 생강을 올려 그대로 양념으로 사용하면 식감이 부드러워지고 맛이 한층 깊어진다.

기름을 달구기 전에 프라이팬에 올려놓고 향을 낸다

기름을 두른 프라이팬에 미리 다져두었던 생강을 조금 넣고 가열하여 기름에 생강의 향이 배이게 한 뒤 조리한다. 이때 기름을 먼저 넣고 프라이팬을 달군 뒤 생강을 넣는 것은 잘못된 방법이다. 생강은 잘 타는 성질이 있기 때문에 기름의 열이 너무 높으면 본래의 향을 내기 전에 생강이 타버릴 수 있다. 맨 처음부터 생강과 기름을 한 번에 넣고 약한 불에 달구는 것이 포인트이다. 열이 가해지면 점점 향이 짙어지는데, 이때 빠르게 굽지 않고 천천히 달구는 것이 중요하다.

생선이나 고기의 잡냄새를 없애고 향을 낸다

생강은 고기나 생선 특유의 잡냄새를 없애는 데 사용하기도 한다. 꽁치, 고등어와 같은 등푸른 생선을 조리하기 전에 얇게 슬라이스한 생강을 넣고 함께 졸이면 비린내를 없앨 수 있다.

생선 요리 외에도 돼지고기 볶음이나 생강 구이 굴 냄비 요리, 정어리 어묵 수프, 육수를 우려낼 때 닭껍질의 누린내 제거와 구이에도 간 생강을 사용한다. 생강 껍질에는 향이 있기 때문에 조림에 사용할 경우 껍질을 제거하지 않고 사용하면 생강의 향이 더해져 상큼한 요리를 완성할 수 있다.

채 썬 바늘 생강 만들기

고등어 된장 조림 위에 올려놓으면 멋도 맛도 up!

묵은 생강을 마치 바늘처럼 얇게 채 썰어 만든 '바늘 생강'은 조림이나 새콤한 음식을 완성 할 때 마무리 향미 장식으로 쓰인다.

살짝 올려주기만 해도 달라 보일 뿐만 아니라 생강의 은근한 향과 깔끔하게 매운맛이 요리의 맛을 더한다. 잘 드는 칼을 사용하여 자른 뒤 동그랗게 쌓아올리거나 산처럼 뾰족하게 쌓아올리면 예쁘게 장식할 수 있다.

1

생강의 껍질을 벗겨 섬유질 방향으로 얇게 썬다. 얇게 썰기 위해서는 최대한 얇게 잘라두는 것이 좋다.

2

냉수에 펼치듯 담가두면 매운맛이 적당히 빠져 여분의 잡맛을 제거할 수 있다.

3

얇게 썰어둔 생강을 비스듬하게 쌓아 촘촘하게 자른다. 최대한 가늘고 얇게 썰면 독특한 식감을 느낄 수 있다.

4

젓가락을 이용해 생강을 건져내고 페이퍼타월에 올려 물을 제거한 뒤 장식용으로 사용한다.

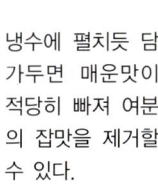

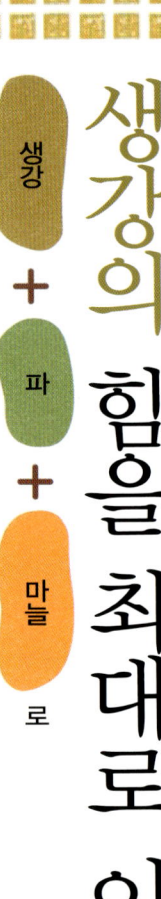

생강
+
파
+
마늘
로

생강의 힘을 최대로 이끌어낸다

생강과 함께 먹으면 그 효과가 절대적이다! 지방 연소에 한몫을 하는 파와 마늘을 몸을 따뜻하게 하고 혈액 순환을 촉진시켜

파의 효능

- 체온을 높여 혈액 순환을 촉진한다.
- 소화액의 분비를 촉진해 식욕을 높여준다.
- 피로 회복에 효과적이다.
- 면역력을 높여준다.
- 살균 작용으로 바이러스를 퇴치한다.
- 대사를 증진시켜 지방을 연소시킨다.

향이 좋은 찜구이로! 생강+파

대구 생강 찜 구이

※ 레시피는 44쪽에서 소개한다.

고르는 법

흰 파는 녹색과 흰색의 부분이 명확하게 구분되어 있고 흰 부분이 길고 단단해 잎이 모아져 있는 것을 고른다. 잎 파는 뿌리 부근까지 초록색인 것이 신선하기 때문에 색이 진하고 일자인 것을 선택한다.

보존법

파는 신문지에 싸서 보관해야 한다. 잎 파는 냉장고에, 흰 파나 흙 파는 냉암실에 세워 보관한다. 쓰고 남은 파는 시들어버리기 쉽기 때문에 랩에 싸서 냉장고에 넣어둔다. 잘게 썰어둔 파는 조금씩 썰어서 냉장 보관을 해두면 편리하다.

오래전부터 다양한 요리에 사용해오던 친근한 야채인 '파'는 감기와 냉증에 좋다고 하여 '민족의 약'이라 불렸다.

파의 매운 향에 들어 있는 성분은 소화액의 분비를 촉진해 식욕을 증진시킨다. 또한 체온을 높여 원활한 혈액 순환을 돕는 효과도 있다.

파의 흰색 부분에 가장 많이 함유되어 있는 '네기올'이라는 성분은 혈액 순환을 촉진하여 몸을 따뜻하게 하고 발열 작용을 촉진하기도 하며, 열을 낮춰주는 작용을 하기도 한다. 이와 아울러 감기 등의 바이러스에 대한 살균 작용도 하며, 면역력을 높이는 카로틴이나 비타민 C, 칼슘을 비롯한 다양한 영양 성분을 함유하고 있다.

마늘의 효능

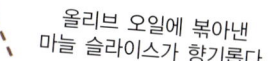
올리브 오일에 볶아낸
마늘 슬라이스가 향기롭다.

양배추 갓 펜네

※ 레시피는 57쪽에서 소개한다.

고르는 법
모양이 동그랗고 무거운 것
으로 겉껍질이 잘 포개져 있
고 바스락거릴 정도로 잘 말
라 있는 것을 고른다.
갈색인 것으로 선택하며, 녹
색 잎이 자라 있는 것은 고
르지 않는다.

보존법
망에 넣고 통풍이 잘되는 곳에
매달아 보존한다.
마늘의 껍질을 간 뒤 한 쪽씩 랩
에 싸두면 냉동 보관도 가능하
다. 다져 놓은 마늘을 틀에 넣고
보관한 뒤 사용할 때마다 필요한
만큼의 양을 나누어 사용할 것을
추천한다.

- 피로 물질을 분해하여 피로 회복을 촉진한다.
- 대사를 높여 혈액 순환을 개선한다.
- 영양소를 연소시켜 에너지로 바꾼다.
- 콜레스테롤을 낮춰 혈액을 맑게 한다.
- 위장의 활동을 촉진하여 식욕 부진을 해소한다.
- 살균 작용으로 감기를 예방하고 활성 산소를 억제해 노화를 방지한다.

　최근에는 마늘을 이용한 요리가 큰 인기를 끌고 있다. 냄새를 잡는 작용이 있는 생강을 함께 섭취하면 재료 특유의 냄새가 나지 않게 하는 효과가 있다.
　그 냄새를 잡는 생강 특유의 향이 바로 '알리신'이다.
　자르거나 갈 때 생겨나는 알리신은 위장의 운동을 자극해 식욕 부진을 해소시킨다. 그리고 강한 살균력과 항균력으로 감기 예방에도 효과적이며, 안티에이징에도 효과를 발휘한다.
　또 한 가지 주목할 성분은 '스코르디닌'이다. 스코르디닌은 체내의 영양소를 연소시켜 에너지로 변화하는 움직임이나 피로 회복에 도움을 주는 비타민 B1의 역할을 돕는다. 냉증이나 불면증의 해소에도 도움을 준다. 사과나 양상추의 10배, 당근이나 토마토의 2배 이상 콜레스테롤을 낮추는 효과가 있다고 하는 마늘은 탁해져 있는 혈액을 맑게 하는 효과가 탁월하다.

최강의 수프 스톡을 만든다

생강 + 파 + 마늘로

세 종류의 파워 야채로

특별한 수프 스톡을 만들자!

맛도 풍미도 영양도 만족스럽다.

파	3개
슬라이스 생강	14장
마늘	7쪽
물	2l

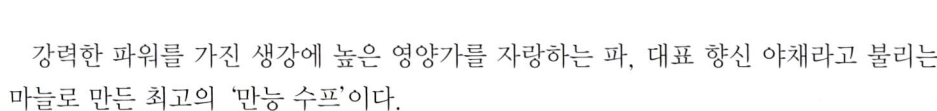

강력한 파워를 가진 생강에 높은 영양가를 자랑하는 파, 대표 향신 야채라고 불리는 마늘로 만든 최고의 '만능 수프'이다.

육수로 만들어 두면 수프는 물론 된장국이나 배추 된장국 등 매일의 식단에 폭넓게 활용할 수 있다. 준비해둔 생강, 파, 마늘을 냄비에 넣고 끓이기만 하면 된다. 수분은 줄어들기 때문에 물을 부어준다. 20분 정도 끓여 국물 맛을 천천히 우려내면 맛있는 수프가 완성된다.

트리플
파워

재료 손질법과 만드는 법

재료의 손질법

파는 크고 두껍게 썰고, 생강은 2mm 정도의 두께로 얇게 자른다. 마늘은 뿌리 부분을 다듬어 껍질을 다듬어둔다.

냄비에 넣고 끓인다

냄비에 2ℓ의 물과 ❶의 모든 재료를 넣는다.

20분 정도 졸인다

냄비에 넣고 20분 정도 졸인다. 남아 있는 열이 식을 때까지 그대로 둔다.

큰 용기에 보존한다

뚜껑을 닫은 뒤 용기에 넣고 냉장 보관한다.

'수프 스톡'을 요리에 활용하자

좋아하는 그릇에 담아
수프나 된장국에 사용하면
절묘한 풍미를 즐길 수 있다.

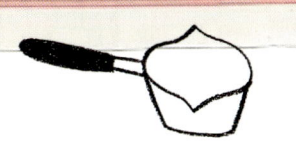

겨울에는…

고구마 유부 미소 된장국

※ 레시피는 53쪽에서 소개한다.

여름에는…

바지락 생강 수프

※ 레시피는 70쪽에서 소개한다.

몸을 따뜻하게 해주는 원재료 + **생강**

믹스 효과로 차가워지지 않는 몸을 만든다!

함께 먹으면 더욱 따뜻해진다

식재료는 크게 몸을 따뜻하게 하는 성질을 갖는 것, 몸을 차갑게 하는 성질을 갖는 것, 어떤 성질로도 치우치지 않는 성질을 갖는 것으로 나눌 수 있다.

제철 재료는 맛이 좋고 영양소가 풍부하기 때문에 건강한 삶에 도움이 된다.

게다가 가격도 비싸지 않기 때문에 여러모로 이용할 수 있다. 봄에는 야채의 꽃, 여름에는 호박, 시소, 가을부터 겨울까지는 맛있는 뿌리 채소 종류, 단술이나 비지 된장국을 만드는 데 필요한 술지게미 등이 각 계절에 몸을 따뜻하게 하는 식재료이다.

이 식재료를 섞어 요리에 적용하면 몸을 따뜻하게 할 수 있고, 생강을 더하면 효과는 더해진다.

몸에 좋은 영양소에 주목

식재료에 포함된 영양소는 대사를 더욱 촉진시키는 역할을 한다.

비타민 E는 혈액 순환을 촉진하여 혈관을 젊고 건강하게 유지하는 작용을 한다. 몸을 차지지 않도록 하기 위해서는 비타민이 필요하다. 비타민 E는 견과류나 식물성 오일에 많이 포함되어 있다.

몸의 기본이 되는 단백질도 제대로 섭취해야 하는 영양소 중 하나이다.

양고기, 닭고기, 새우와 같은 양질의 단백질을 섭취하면 몸을 따뜻하게 하는 데 도움이 된다. 소량의 후추와 고추를 더해 조리하면 몸을 더욱 따뜻하게 할 수 있다.

봄
여름
에 몸을 따뜻하게 해주는 식재료

몸을 따뜻하게 해주는 성분이 많이 포함되어 있다.
제철을 맞은 식재료 따뜻한 계절에는 몸이 냉해지기 쉽다.

차조기 잎

차조기 잎의 독특한 향 속에 들어 있는 성분인 '알데히드'는 소화 효소의 분비를 촉진하여 식욕을 증진시킨다. 강한 살균력이 있어 식중독 예방에도 효과적이다. 최근에는 꽃가루 알레르기를 비롯한 알레르기성 질환에도 효과가 있다는 것이 밝혀져 많은 주목을 받고 있다.

락교(파머리)

마늘과 마찬가지로 알리신이 다량 함유되어 있다.
알리신은 비타민 B1의 흡수를 돕는 역할을 하기 때문에 피로 회복에 효과적이다. 또 혈액을 맑게 하여 혈액 순환을 원활하게 해준다.

체리

비타민이나 카로틴, 철분, 칼륨 등이 함유되어 있다.
주름과 주근깨를 억제하고 빈혈을 예방하며, 부종을 예방하는 데 효과적이다.

땅두릅

94%의 수분, 4%의 탄수화물, 소량의 비타민, 미네랄로 이루어진 저칼로리 야채이다.
땅두릅에 함유되어 있는 '클로로겐산'이라는 항산화 물질은 세포의 노화를 억제해준다.

호박

식이섬유가 풍부한 대표적인 녹황색 채소이다. 비타민류나 카로틴의 함유량도 풍부하다. 특히, 비타민 E의 황산화 작용은 암을 예방하고 노화를 예방한다.

복숭아

풍부한 과즙은 부족한 체액을 보충하고 피부에 윤기를 준다. 피부의 젊음을 되살려주기도 한다.
구연산이나 사과산은 피로 회복을 촉진하고, 식물성 섬유에는 펙틴이 많기 때문에 변비 해소에도 도움이 된다.

머위

반 이상이 수분이지만 식물성 식이 섬유가 많은 저칼로리 산야채이다.
칼륨, 칼슘, 나트륨이 함유되어 있다. 머위 특유의 향은 기침을 멈추고 가래를 삭혀주는 효과가 있다.

유채꽃

봄의 채소로 유명한 유채꽃은 카로틴이나 비타민 C, 엽산, 미네랄이 풍부한 녹황색 채소이다. 미백 효과가 있고, 빈혈의 예방에도 효과가 있다.
유채과 특유의 '이소티오시아네이트'는 암을 예방하는 효과도 있다.

정어리·전갱이

이나 뼈를 이루는 칼슘과 비타민 D가 많이 함유되어 있기 때문에 성장기의 어린이나 중고등학생의 골다공증 예방에 효과가 있다.
또한 EPA나 DHA(도코사헥사엔산)의 불포화 지방산이 많이 함유되어 있기 때문에 뇌의 활동을 활성화하고 콜레스테롤이나 중성 지방을 감소시키는 역할을 한다. 노화 예방, 생활 습관병(성인병)에 효과가 있다.

꼬투리째 먹는 강낭콩

야채 중에서 필수 아미노산인 리신을 다량 함유하고 있는 녹황색 채소이다. 비타민류나 식이 섬유도 풍부해 미백 작용이나 변비 예방에 효과적이다. 아스파라긴산을 함유하고 있어 피로 회복에 효과가 있다.

가을 겨울

에 몸을 따뜻하게 해주는 식재료

따뜻하게 해주는 힘이 있기 때문이다. 추운 시기에 수확한 야채나 생선에는 몸을 제철 재료를 섭취하는 것은 매우 중요하다.

우엉

우엉은 식이 섬유가 풍부한 야채이다. 셀룰로오스나 리그닌 등이 많은 식이 섬유는 장 청소를 도와 혈액을 깨끗하게 해준다. 우엉에 함유되어 있는 당질은 체내에서 포도당을 낮추는 효과가 있기 때문에 당뇨병의 치료에도 효과가 있다.

연근

주 성분은 전분질이다. 잘랐을 때 실처럼 늘어나는 성분인 뮤친은 피로 회복과 숙취에 효과가 있다. 항산화 작용과 살균 효과가 높은 다량의 타닌 성분이 함유되어 있기 때문에 인플루엔자나 감기와 같은 바이러스성 질환 예방에 좋다.

술지게미

거르지 않은 술에서 술을 짜낸 지게미에는 현대인에게 부족한 식물성 섬유가 많이 함유되어 있다. 특히 최근에 주목을 받고 있는 펩티드나 아미노산 등이 포함되어 있다. 멜라닌 성분을 구성하는 알부민에는 미백 작용과 항산화 작용이 높은 페룰산 등이 포함되어 있어 피부에 좋다.

갓

비타민과 칼슘 그리고 철분 등이 풍부한 녹황색 야채이다. 보통은 절임 음식에 사용한다. 줄기와 잎사귀에서는 알싸한 맛이 난다. 고혈압과 빈혈을 예방하거나 간장의 부담을 감소시키는 효과가 있는 식재료이다.

순무

순무의 열매 부분에는 전분을 소화시키는 효소, 아밀라아제가 들어 있기 때문에 위의 부담을 덜어주는 역할을 한다. 푸른색의 잎에는 비타민 C나 카로틴이 많아 골다공증 예방에 좋다.

무

전분을 분해하는 디아스타제와 단백질을 분해하는 프로테아제 등의 소화 효소가 함유되어 있기 때문에 위를 편안하게 한다. 잎에는 비타민 A와 칼륨 등 녹황색 야채에 포함되어 있는 성분이 풍부하다.

금귤

'비타민의 보물 창고'라고 불리는 금귤은 예로부터 감기에 효과가 있다고 알려져 있다. 또 항균화 작용으로 미백 효과도 기대해볼 만하다. 금귤의 껍질과 흰색 부분에는 폴리페놀의 한 종류인 비타민 P가 함유되어 있어 모세혈관의 강화나 면역력을 증강시키는 데 효과적이다.

잣

소나무의 열매에는 양질의 피놀렌산이 풍부하다.

피놀렌산은 콜레스테롤이나 혈압의 상승을 막아 간지방을 저하시키는 역할을 한다.

또한 혈액 순환을 촉진시켜 피지의 분비를 활성화시키는 작용을 하기 때문에 한국에서는 여성의 피부 미용을 위한 미용식으로 전해지고 있다.

피스타치오

피스타치오의 주 성분인 올레산은 올리브 오일과 같은 양질의 식물성 지방으로, 콜레스테롤은 제로이다. 피부와 머리카락에 윤기를 준다. 또 좋은 콜레스테롤은 유지하고, 나쁜 콜레스테롤은 감소시키는 역할을 한다.

닭고기

양질의 단백질을 풍부하게 함유하고 있는 닭고기는 여분의 지방을 제거하기 쉽다는 특징이 있다. 냉증에 효과가 있는 단백질만을 섭취하기 쉽다는 특징도 있다. 날개와 같이 껍질과 뼈가 많은 부분에는 피부에 좋은 성분인 콜라겐이 많다. 미백 효과가 높은 식재료이다.

연어

단백질이 풍부하다. 특히 단백질의 소화 흡수는 다른 생선보다 뛰어나다.

연어의 붉은 살에 있는 아스타크산틴의 강력한 항산화력은 동맥 경화의 예방이나 미백 작용에 효과가 있어 많은 주목받고 있다.

간

간은 내장 중에서도 특히 영양가가 높은 식재료이다.

특히 철분이 많은 것이 특징이며, 비타민 A와 B군, C도 풍부하고 저칼로리라는 훌륭한 특징을 갖추고 있다. 생강이나 마늘 등과 함께 조리하면 특유의 잡냄새가 없어지고 맛있게 먹을 수 있다.

앤초비

앤초비의 원료가 되는 정어리는 뇌에 중요한 영양소인 DHA나 중성 지방을 낮춰주는 EPA가 풍부하게 함유되어 있다. 재료에서 추출된 효소, 정어리 펩티드는 혈압을 억제하는 효과도 있다.

앤초비에는 영양원이 손실되는 공정이 거의 없기 때문에 정어리의 영양소 그대로 섭취할 수 있다.

양고기

양고기는 고기의 지방이 녹는 온도가 44℃인 다른 종류의 고기에 비해 높다는 특징이 있다.

체온으로는 잘 녹지 않기 때문에 먹어도 잘 흡수되지 않고, 생선류와 비슷한 정도로 콜레스테롤이 낮다.

또한 식육 중에서는 체내의 지방을 연소시키는 카르니틴 성분이 많이 함유되어 있다.

1 년 중

꼼꼼하게 챙겨서 냉장으로부터 몸을 지켜내자!

계절별로 이용하기 쉬운 식재료이다.

언제나 이용할 수 있는 몸을 따뜻하게 해주는 식재료

새우

아연이나 동 등의 일반 식재료로부터 섭취하기 어려운 영양 성분을 풍부하게 함유하고 있다. 단백질이 많은 것에 비해 저지방이기 때문에 다이어트 식재료로 추천한다. 타우린이 풍부해 혈압 저하나 콜레스테롤의 상승을 막는 역할을 하기도 한다.

햄

저칼로리로 영양가가 높은 이상적인 식품이다.

피로 회복에 효과가 높은 비타민 B1이 많이 함유되어 있다. 비타민 B1의 흡수를 돕는 황화알킬을 함유한 파 종류와 함께 곁들여 먹으면 더욱 큰 효과를 볼 수 있다.

흑초 생강

언제나 가까운 곳에 두고 간편하고 맛있게 즐긴다!

만들어두면 도움이 되는 레시피

조미료로 사용하는 것 외에도 물에 타서 음료로도 즐길 수 있다. 다양한 요리에 응용이 가능하다. 흑초 절임이나 꿀 절임에 만들어두고 쓰면 요리를 만들 때 풍미를 깊게 하며 드레싱이나 기타 건강을 개선해줄 뿐만 아니라 미용 효과도 뛰어나다.

만드는 방법이 간단하고 보관하기 쉬운 생강으로 만든 핸드메이드 조미료는

재료	
생강	50g
설탕	4큰술
흑초	1컵(200cc)

흑 초와 생강은 궁합이 잘 맞는 재료들이다. 생강에는 혈액의 흐름을 개선하여 신진대사를 활발하게 하는 효과가 있고, 흑초에는 피로 회복, 에너지의 연소를 촉진하는 효과가 있다.

이 밖에도 식초에 함유되어 있는 아미노산이나 구연산은 혈액을 맑게 해준다. 특히 흑초에는 아미노산이 보통의 식초보다 많이 함유되어 있기 때문에 식욕 증진, 스트레스 해소에도 도움을 준다. 또 식초와 비타민, 미네랄이 많은 식재료와 함께 섭취하면 식재료의 영양 성분을 보다 더 이끌어내 체내의 흡수를 높일 수 있다고 한다.

생강에도 혈액을 맑게 하는 효과가 있기 때문에 흑초와 조화를 이루면 더욱 큰 효과를 거둘 수 있을 것이다.

흑초 생강 만드는 법

생강을 다진다
생강을 잘 씻고 물기를 제거한다. 껍질째로 얇게 썰고 다시 길게 채친다.

병에 담는다
밀폐가 가능한 보관 병에 잘게 다진 생강을 넣는다. 가능하면 열탕 소독한 내열 보관 병을 추천한다.

설탕을 넣는다
설탕을 약간씩 더해 생강에 고루 배도록 한다.

흑초를 붓는다
흑초를 조심스럽게 붓고 가볍게 섞어준 뒤 뚜껑을 닫고 냉장고에서 2~3일 동안 보관하면 완성이다.

흑초 생강으로 만들어보기

평범한 햄버그 스테이크에 미리 만들어둔 흑초 생강을 더하면 깊이 있는 맛을 낼 수 있다. 잘게 잘라둔 생강은 소스의 풍미를 더해주는 포인트가 된다.

흑초 생강 소스를 곁들인 햄버그 스테이크

재료(2인분)

A ┌ 다진 돼지고기 ‥150g
  │ 다진 파
  │ ‥‥‥‥30g(약 10cm)
  └ 달걀 ‥‥‥‥‥1/2개

샐러드 오일 ‥‥‥‥2작은술

B ┌ 흑초 생강‥‥‥‥1큰술
  │ 설탕 ‥‥‥‥‥1작은술
  └ 간장 ‥‥‥‥‥1큰술
C ┌ 녹말 ‥‥‥‥‥1작은술
  └ 물 ‥‥‥‥‥‥1작은술
브로콜리
(소금물에 데친다)‥적당량

만드는 법

❶ 깊이가 있는 그릇에 A를 넣고 잘 섞는다. 재료를 2등분 한 뒤 둥글게 만들고 양손으로 잘 치대어 공기를 빼주면서 모양을 만든다.
❷ 샐러드 오일을 두른 프라이팬에 ❶을 굽는다.
❸ ❷가 구워지면 B를 더해 최종적으로 C에서 물에 갠 녹말을 부으면 걸쭉해진다. 접시에 담아내 브로콜리로 장식한다.

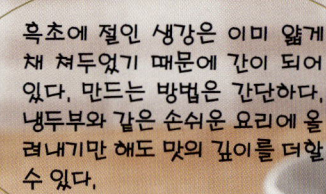

흑초에 절인 생강은 이미 얇게 채 쳐두었기 때문에 간이 되어 있다. 만드는 방법은 간단하다. 냉두부와 같은 손쉬운 요리에 올려내기만 해도 맛의 깊이를 더할 수 있다.

흑초 생강 소스를 곁들인 두부 요리

재료(2인분)

연두부‥‥‥‥‥‥1/2모
쪽파‥‥‥‥‥‥‥1/2개
순무‥‥‥‥‥‥‥적당량
햄 1장
A ┌ 간장‥‥‥‥‥2작은술
  └ 참기름 ‥‥‥1/2작은술
흑초 생강 ‥‥‥‥2작은술

만드는 법

❶ 두부는 6등분 하여 자르고, 접시에 담아낸다.
❷ 쪽파는 잘게 썰어 순무와 햄을 잘게 썰고, 그릇에 담아 A와 섞고 ❶에 올린다. 마지막으로 흑초 생강을 올린다.

흑초 생강 감자 볶음

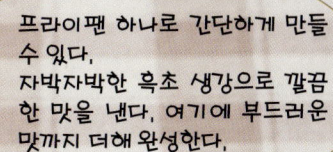

프라이팬 하나로 간단하게 만들 수 있다. 자박자박한 흑초 생강으로 깔끔한 맛을 낸다. 여기에 부드러운 맛까지 더해 완성한다.

재료(2인분)

감자········중간 크기 1개
주키니 호박 ·······1/3개
노란색 파프리카 ····1/8개
양파 ·············1/4개
올리브 오일 ······2작은술
A┌흑초 생강 ····2작은술
 └소금 ············약간

만드는 법

❶ 주키니 호박의 씨를 제거한 뒤 감자와 노란색 파프리카를 잘게 다지고 양파는 얇은 반원 형태로 슬라이스한다.
❷ 올리브 오일을 두른 프라이팬에 ❶을 볶은 뒤 A의 맛을 더해 접시에 담아낸다.

프라이팬 하나로 만드는 간단한 조림 요리이다. 심심한 맛의 닭봉 조림에 흑초 생강을 곁들여 담백하고 깔끔하게 마무리한다.

흑초 생강 닭봉 조림

재료(2인분)

닭날개 ··············4개
우엉 ··············1/4개
파 ···············1/4개
A┌흑초 생강 ······2큰술
 └흑초 설탕 ······2작은술
간장 ··············1큰술

만드는 법

❶ 5cm 간격으로 썰어두었던 우엉을 반으로 자른다. 파는 5cm 크기로 자른다.
❷ 프라이팬에 닭봉을 볶는다. 이때 나오는 여분의 기름은 덜어낸다. 여기에 우엉과 A, 물을 가득 붓고 15분 동안 졸인다.
❸ ❷에 간장과 파를 넣고 다시 약한 불에 15분 동안 졸인 뒤 담아낸다.

33

생강 미소 된장

오른쪽 사진은 생강 150g의 양이다. 양의 기준은 미소 된장 100g당 50g이다. 여기서는 용기의 무게와 합쳐 된장 300g 을 사용하기 때문에 생강 150g의 분량이 된다. 미림, 설탕도 된장의 분량에 합쳐 증량한다.

재료(기본 분량)	
생강	50g
된장	100g
미림	2큰술
설탕	4큰술

생강 미소 된장은 조미료로 요리 비법 소스로 쓰거나, 밑간을 하는 데 쓰인다. 또한 절임이나 나물 반찬 대용으로 먹을수 있어, 만들어두면 다양하게 쓸 수 있다.

생강은 비교적 장기간 보관이 가능하고 절여 먹을 수 있기 때문에 비상시를 대비해 밀폐 용기에 넣고 사용하면 편리하다.

생강 미소 된장은 만든 다음날부터 먹을 수 있는데, 1주일 정도 지나면 된장의 풍미가 더욱 깊어지고, 맛도 잘 익게 된다. 된장에도 생강 성분이 충분히 스며들어 풍미가 더욱 깊어진다.

생강에는 식재의 냄새를 없애는 탁월한 효과가 있어 생선이나 고기를 요리할 때 이용하면 깔끔하고 깊은 맛을 낸다. 이때 생강을 가열해두면 몸을 더욱 따뜻하게 해주는 효과가 커지기 때문에 전자레인지에 가열한 뒤 된장을 담그는 방법을 추천한다.

생강 미소 **된장 만드는 법**

1

된장과 미림을 섞는다
된장 300g에 미림과 설탕을 넣고 잘 섞는다.

2

생강을 다진다
생강 150g은 깨끗하게 씻고, 껍질을 벗겨 7~8mm 크기의 정사각형 모양으로 자른다.

3

생강과 된장을 함께 섞는다
1의 재료를 합친 된장과 2의 생강을 합쳐 잘 섞는다.

4

보존 용기에 담는다
꺼내기 쉬운 보존 용기에 넣는다. 뚜껑을 닫고 하룻밤 정도 놓아둔다.

즉석 생강 미소 된장국

국그릇에 생강 미소 된장과 조개를 넣고 뜨거운 물을 붓기만 하면 되는 인스턴트 레시피이다. 생강의 향이 식욕을 돋우고 몸을 따뜻하게 해준다.

재료(2인분)
생강 미소 된장 ···1/2큰술
가다랑어포
　작은 주머니········1/3
건조 미역···········4개
쪽파 ············적당량
뜨거운 물·········적당량

만드는 법
❶ 한 그릇에 생강 된장과 다른 재료들을 넣는다.
❷ 뜨거운 물을 붓고 잘 저어준다.

구워진 마늘의 향이 가득 담긴 닭고기와 생강 미소 된장의 풍미가 환상의 궁합을 이룬다. 밥 반찬은 물론 술안주에도 제격이다.

생강 미소 된장 파닭 구이

재료(2인분)
닭다리살(닭튀김용)
　···········30g×8개
소금 후추········각 약간
파 ············1/2개
마늘(슬라이스) ·······1쪽
샐러드 오일 ······2작은술
A┌생강 미소 된장 ·1큰술
　└술···········2큰술
사자 고추···········4개

만드는 법
❶ 닭다리는 소금과 후추로 밑간을 해두고, 큰 파는 잘게 다진다.
❷ 프라이팬에 샐러드 오일과 마늘을 볶고 마늘의 향이 올라오기 시작하면 ❶의 양면을 잘 구워내고 여분의 기름을 제거한다.
❸ ❷에 ❶의 파와 A를 넣고 고기부터 용기에 담은 뒤 사자 고추를 살짝 구워 올려낸다.

생강 미소 된장을 곁들인 오이

재료(2인분)

오이 ·················1개
푸른 차조기 ·······적당량
에샬롯··············6개
생강 미소 된장 ·····1큰술

만드는 법

❶ 오이를 2등분 한 뒤 다시
반으로 자른다.
❷ 접시에 푸른 차조기를 깔
고 ❶의 오이를 올린 뒤
생강 된장을 뿌린다. 에샬
롯도 그 옆에 장식한다.

생강 미소 된장 특유의 풍미를 그
대로 즐길 수 있는 레시피이다. 조
화는 각자의 개성에 맞게 구성하면
된다. 스틱 모양으로 길게 썰어둔
샐러리 당근과 함께 유리컵에 세워
놓으면 멋진 장식이 된다.

매번 즐겨 먹는 평범한 진저포크에 된
장국을 넣어 뜨거운 물을 붓기만 하면
되는 인스턴트 레시피이다. 생강의 향
이 입맛을 돋우어 밥이 술술 넘어가고
몸이 따뜻해지는 것이 일품이다.

생강 미소 된장을 곁들인 돼지고기 볶음

재료(2인분)

돼지 목살 ··········6장(120g)
양파 ···················1/2개
브로콜리 ··············1/3개
라디슈 ·················2개
샐러드 오일 ··········2작은술
A ┌ 생강 미소 된장 ·······1큰술
   └ 술 ·················1큰술

만드는 법

❶ 양파는 5mm 폭의 반원뿔형
으로 자른다.
❷ 브로콜리는 작은 송이로 나누
어 선명하게 데쳐 프라이팬에
서 슬라이스한다.
❸ 프라이팬에 기름을 두르고 돼
지고기와 ❶의 양파를 볶은
뒤 A를 뿌리고 접시에 담아내
❷를 첨가한다.

재료

생강	30g
꿀	100g

쉽게 만들 수 있는 분량을 기준으로 소개한다. 사용하는 빈도나 가족 구성원에 맞게 왼쪽의 분량을 가감해도 된다. 냉장고에 보존하려면 최소 2주일 동안 그대로 두는 것이 좋다.

벌꿀 생강

좋아하는 음료에 더해 마시는 것만으로 따뜻한 몸을 만들어주는 레시피이다. 드링크나 간식, 요리에 가볍게 곁들여주기만 하면 되므로 매우 편리하다.

만드는 방법은 간단하다. 갈아두었던 생강을 한 번 더 가열해 넣어주면 몸이 따뜻해지는 효과가 한층 높아진다. 생강과 꿀에 있는 올리고가 장내 환경을 정리해 소화를 촉진하고 변비를 개선하는 역할을 한다. 단맛이 나는 성분인 과당과 포도당은 체내에 빠르게 흡수되기 때문에 피로 회복에도 효과적이다.

또한 미네랄이 풍부하기 때문에 피부에 윤기를 더해 준다. 매일 지속적으로 섭취하면 미용과 건강에 도움이 된다.

벌꿀 생강 만드는 법

밀폐가 가능한 보관병에 꿀을 넣는다.

생강을 갈아(껍질째도 좋다) 내열 용기에 넣고 랩을 씌워 전자레인지에 1분 동안 가열한다.

꿀을 담은 병에 2의 생강을 넣고 섞는다. 만든 뒤 바로 섭취할 수 있어 편리하다.

벌꿀 생강으로 만들어 보았어요

아침식사 대용으로 먹으면 비타민 C 보충에도 좋고, 시트러스의 풍미와 스파이시한 생강의 자극이 더해져 상쾌한 하루를 시작할 수 있다.

시트러스 진저

재료(2인분)
그레이프 후르츠 주스
· · · · · · · · · · · · · · 300g
벌꿀생강 · · · · · · · · 2작은술

만드는 법
❶ 그레이프 후르츠 주스를 컵에 따른다. 주스는 시판되는 과즙 100%를 이용한다.
❷ 생강 꿀을 넣고 잘 섞는다.

생강의 풍미를 지닌 홍차에 밀크와 벌꿀의 부드러운 달콤함이 절묘한 균형을 이루는 레시피이자, 몸속부터 따뜻해지는 핫 드링크제이다.

차이풍 진저 밀크티

재료(2인분)
A ┌ 홍차 잎 · · · · · · 4작은술
　└ 물 · · · · · · · · · · · · · · 1컵
B ┌ 우유 · · · · · · · · · · · · · 1컵
　└ 생강 꿀 · · · · · · 2작은술

만드는 법
❶ 내열이 되는 컵에 A를 넣고 전자레인지에 1분 30초 정도 가열한다.
❷ B를 더해 1분 동안 더 가열한 다음 홍차잎을 넣고 차와 섞어 컵에 따른다.

계절 재료에 생강을 더했다!

몸에 맛있는 레시피 모음

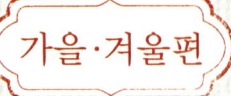

가을·겨울편

면역력 up! 몸이 따끈따끈
원기 회복 메뉴!

생강의 효과는 겨울에 더욱 위력을 발휘한다.
체온을 높이고 면역력을 높이며 원기를 회복시켜준다.
평소 감기에 자주 걸리거나 어깨와 허리의 통증이 심해 쉽게 피로해지는 증상이 자주 나타난다면
유심히 체크해야 한다. 밸런스를 고루 갖춘 식사와 면역력 증진에 도움이 되는 음식 섭취에 노력을 기울여
가을과 겨울의 생강 레시피는 어느 것을 섭취해도 몸과 마음을
천천히 따뜻하게 해줄 것이다.

이 레시피 모음 사용법

●재료
레시피는 각각 2인분이다. 사진은 1
인분을 소개한 것이다.
●분량
1작은술은 5cc, 1큰술은 15cc, 1컵
은 200cc이다.
●영양소의 표기
각 레시피에 표시한 에너지양 등은
모두 1인분으로 계산한 것이다.
●전자레인지
가열 시간은 600W의 전자레인지를
준비한다. 500W라면 1.2배의 시간
으로 가열한다. 기종에 따라서도 차
이가 나기 때문에 사용하는 제품에
맞춰 상태를 보면서 가열한다.
● 아이콘
각 레시피에 붙은 아이콘은 영양 면
에서 본 효과를 표시한 것이다.

마늘과 생강을 곁들인 양고기

몸을 따뜻하게 해주는 양고기는 생강과 함께 섭취하면 효과가 배가 되며, 지방을 연소시키는 카르니틴도 가득하다.

재료(2인분)

뼈 있는 양고기		4개
A ┌ 간 마늘		1쪽
│ 간 생강		2작은술
└ 소금, 후추		각 약간씩
샐러드 오일		2작은술
버터		2작은술
간장		2작은술
로즈마리		적당량

만드는 법

❶ 양고기를 A로 밑간한다.
❷ 프라이팬에 기름을 두르고 ❶을 구운 뒤 마지막에 버터, 간장을 더해 구워낸다. 로즈마리로 올려 장식한다.

주요리

대사증진 빈혈예방 피부미용

에너지	213kcal
단백질	11.5g
지질	17g
비타민 B6	0.25mg
식염	1.3g

대사증진 안티에이징 피부미용

에너지	297kcal
단백질	21.5g
지방	18g
비타민 B12	5.32μg
식염	1.0g

연어 생강 마리네

연어의 붉은 살코기에 함유된 아스타크산틴 성분은 활성 산소를 제거하고 면역력을 증진시켜 자연 치유력을 높여준다.

재료(2인분)

연어	2조각		A ┌ 술	3큰술
소금, 후추	각 약간		│ 생강 다진 것	
밀가루	2큰술		│	2 작은술
샐러드 오일	1큰술		│ 올리브 오일	
시메지 버섯	1/3팩		│	2작은술
양파	1/4개 작은 것		└ 소금	약간
			크레송	적당량

만드는 법

❶ 연어 살을 3등분하여 썬 뒤 소금과 생강으로 밑간을 하고 밀가루를 뿌린다. 시메지 버섯은 밑동을 손질해 다듬어둔다.
❷ 양파는 얇게 썰어 A와 섞는다.
❸ 프라이팬에 샐러드 오일을 두른 뒤 ❶을 노르스름하게 구워내고 ❷와 더해 맛이 배면 접시에 담아낸다. 크레송을 더해 장식한다.

각자의 양에 맞게
덜어서 먹기!

대사
증진 · 안티
에이징 · 피부
미용 · 변비
예방

소고기 야채말이 생강 전골

아스파라거스에는 아미노산의 일종인 아스파라긴산이 가득!
신진대사를 높여주고 피로 회복에도 효과적이다.

에너지	194kcal
단백질	12.0g
지질	10g
비타민 A	308μg
식염	1.2g

비타민 A는 피부와 눈의 건강을 유지하는 중요한 영양소다

재료(2인분)

소고기 얇게 썬 것	4장
아스파라거스	4개
당근	1/4개(80g)
양배추	2장
순무	2개
노란색 파프리카	1/4개
A ┌ 방울토마토	4개
└ 버섯	4개

B ┌ 물	2컵(400cc)
│ 맑은 수프 과립	1/2큰술
│ 생강 다진것	2작은술
└ 소금, 후추	적당량

만드는 법

❶ 아스파라거스는 뿌리 쪽의 단단한 부분을 제거하고 길이를 반으로 자른다. 당근은 아스파라거스의 길이에 맞춰 길쭉한 스틱 형태로 자르고 미리 데쳐둔다.
❷ 소고기는 반으로 자르고 ❶의 아스파라거스와 당근을 말아준다.
❸ 양배추는 마구 썰어 ❶의 아스파라거스와 당근을 함께 말아준다.
❹ 노란색 파프리카는 씨를 제거해 적당한 크기로 자른다.
❺ 냄비에 ❷와 ❸과 ❹를 넣고 A, B를 더해 가열한다.

※ 사진은 2인분이다.

두부 생강 마요 그라탕

소송채에 많이 함유되어 있는 비타민 A는 코와 목의 점막을 보호해 감기를 예방해준다. 칼슘도 듬뿍 섭취할 수 있는 건강 재료이다.

대사 증진 / 빈혈 예방 / 피부 미용 / 면역력 증진

재료(2인분)

무명 두부 ······1/2모	·········1큰술
소금, 후추 ·······약간	된장 ·····1큰술
소송채	생강 다진 것
·····1/2단(100g)	·········2작은술
샐러드 오일 ····2큰술	미림 ·····2작은술
A ┌마요네즈	피자용 치즈 ·····35g

만드는 법

1 무명 두부의 물기를 제거한 뒤 가로로 6등분 하여 소금과 후추를 뿌린다.
2 소송채는 5cm 길이로 자른다.
3 프라이팬에 샐러드 오일을 두르고 소송채를 살짝 볶아낸 뒤, 샐러드 오일을 바른 내열 그릇에 담아낸다.
4 ❸의 프라이팬에서 두부의 양면을 구워 소송채 위에 올려낸다.
5 잘 섞은 A를 올리고 피자용 치즈를 뿌려 오븐에서 구워낸다.

에너지	238kcal
단백질	11.6g
지질	17g
비타민 A	181μg
식염	1.9g

대사 증진 / 빈혈 예방 / 피부 미용 / 변비 예방

에너지	228kcal
단백질	12.7g
지질	13g
식물성 섬유 총량	4.3g
식염	1.8g

닭고기 컬러풀 콩 카레

카레에 함유되어 있는 터머릭의 항산화 작용으로 미용 효과가 발군이다.
식물성 식이 섬유가 가득한 콩과 야채가 장 내의 나쁜 균을 줄여준다.

재료(2인분)

닭가슴살 ······120g	카레가루 ·······약간
소금, 후추 ·각 약간씩	샐러드 오일 ··2작은술
A ┌양파 작은 것 1/2개	B ┌맑은 수프 ····1개
마늘 ·········1쪽	└물 ·2컵(400cc)
당근 ·····1/4개	믹스 빈 ········40g
샐러리 ····1/4개	소금 ··········약간
슬라이스 생강	잘게 다진 파슬리
·········4장	·········약간

만드는 법

1 닭고기는 한 입 크기로 썰고, 소금, 후추로 밑간을 한다.
2 A의 양파와 마늘은 잘게 다지고, 당근과 샐러리는 1cm 크기로 자른다.
3 프라이팬에 샐러드 오일을 가열하여 A를 볶는다.
4 ❶과 카레가루를 더해 다시 볶아낸다. 믹스 빈과 B를 넣고 졸인 뒤 소금으로 간을 더해 용기에 담아낸다. 마지막에 파슬리를 뿌린다.

대사
증진

피부
미용

혈행
촉진

대구 생강 찜 구이

대구는 저지방 저칼로리 식품이다. 파의 향을 내는 성분인 알리신이
몸을 따뜻하게 해주기 때문에 감기의 초기 증상을 잡아주는 예방책으
로 추천한다.

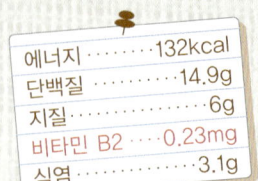

에너지	132kcal
단백질	14.9g
지질	6g
비타민 B2	0.23mg
식염	3.1g

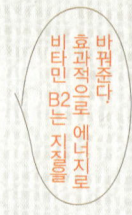

비타민 B2는 지질을 효과적으로 에너지로 바꿔준다

재료(2인분)

대구 ········· 2조각
술 ······1/2작은술
슬라이스 생강··4개분
파 ·······5cm
수채 잎 ······적당량

A ┌ 간장 ·······1큰술
  └ 참기름 ·····1큰술
구기자 열매 ···적당량

만드는 법

❶ 대구를 내열 접시에 담아내 술을 뿌리고 얇게 썰어두
  었던 생강을 올린다.

❷ 파를 비스듬하고 얇게 썰어 ❶에 올리고 랩을 씌운 뒤
  전자레인지에 약 5분간 가열한다.

❸ ❷를 그릇에 담았으면 수채 잎을 올리고 A를 뿌려 마
  지막에 구기자로 장식한다.

생강 풍미 모둠 전골

혈압을 내리거나 골밀도를 높여주는 칼륨과 부족해지기 쉬운
칼슘을 듬뿍 섭취할 수 있는 건강 전골 요리이다.

주 요 리

비타민 B6는 거칠어진 피부와 빈혈 예방에 효과가 있다

재료(2인분)

표고버섯	4개	새우	4마리
당근	5cm	대합	8개
슬라이스 생강	4장	A ┌ 육수	
은행	6개	└ 2컵(400cc)	
배추	1/8개	술	
쑥갓	1/2단	1/2컵(100cc)	
대구	2조각	폰즈	적당량

만드는 법

❶ 표고버섯의 기둥을 자르고 장식 모양으로 예쁘게 자른다. 당근, 생강은 꽃 모양으로 자른다.

❷ 은행은 나무꽂이에 꽂고, 배추와 쑥갓은 적당한 크기로 썰며, 대구는 3등분으로 나눈다. 마지막으로 새우는 등의 내장을 제거한다.

❸ 냄비에 재료들을 예쁘게 담아냈다면 A를 붓고 가열한다. 폰즈 생강을 더해준다.

에너지	237kcal
단백질	29.0g
지질	1g
비타민 B6	0.4mg
식염	1.6g

대사 증진　안티 에이징　피부 미용

리본 당근 두반장 무침

카로틴이나 각종 비타민을 다량 함유하고 있는
당근은 항산화 작용이 높아 미백 효과가 크다.
하루 종일 효과를 볼 수 있기 때문에 상비 야채
로 추천한다.

| 대사 증진 | 안티 에이징 | 피부 미용 | 면역력 증진 |

재료(2인분)

당근 · · · · · · · · · ·80g	두반장 · · · · · ·약간
미림 · · · · · · · ·4작은술	참기름
A ┌ 다진 생강	· · · · · · · ·1/2작은술
│ · · · · · · · · ·1작은술	잣 · · · · · · · ·적당량
│ 소금 · · · · · · ·약간
└ 간장 · · · ·1작은술

만드는 법

❶ 필러를 이용해 당근을 얇고 가늘게 벗겨낸다.
❷ 내열 용기에 ❶과 미림을 넣고 랩을 씌워 전자레
   인지로 1분 30초 정도 가열한다.
❸ 2에 A를 넣고 잘 버무린다.
❹ 용기에 담고 잣을 뿌린다.

에너지 · · · · · · · ·63kcal
단백질 · · · · · · · · ·0.7g
지질 · · · · · · · · · · · · ·2g
비타민 A · · · · · ·273μg
식염 · · · · · · · · · · · ·0.9g

| 대사 증진 | 빈혈 예방 | 피부 미용 | 변비 예방 |

야채 찜 바냐 카우다

북이탈리아의 전통 요리인 바냐 카우다는
비타민이나 미네랄이 풍부한 녹황색 야채나 겨울에
나는 계절 야채를 이용해 만든다.
몸을 따뜻하게 한다.

재료(2인분)

당근 · · · · · · · · · ·50g	A ┌ 간 생강 ·2작은술
새송이버섯 · · · · · · ·1개	│ 마늘 · · · · · · · ·2쪽
빨간색 파프리카	│ 앤초비 · · · · ·2장
· · · · ·1/8개(80g)	└ 우유 · · · · ·1큰술
연근 · · · · · · · · · ·80g	올리브 오일 · · ·2큰술
순무 · · · · · · · · · · · ·1개

만드는 법

❶ 당근, 새송이버섯, 씨를 제거한 빨간색 파프리
   카를 길쭉한 스틱 형태로 다른다. 연근은 5mm
   의 동그란 모양으로 자르고, 순무는 줄기가 달
   려 있는 그대로 4등분으로 썬다.
❷ ❶의 야채를 찌고 구워 그릇에 담아 낸다.
❸ 내열 용기에 A를 담고 전자레인지에 1분 30초
   정도 가열하여 간 생강을 함께 곁들인다. 먹기
   직전에 올리브 오일을 섞고 전자레인지에서 1분
   동안 가열하여 2와 곁들인다.

에너지 · · · · · · ·174kcal
단백질 · · · · · · · · · ·3.2g
지질 · · · · · · · · · · · · ·13g
비타민 A · · · · · ·181μg
식염 · · · · · · · · · · · ·0.4g

겨울 야채 풍미의 카보나타

참마나 연근의 미끈미끈한 성분에 함유되어 있는 무틴
은 몸을 따뜻하게 해주는 역할을 한다.
피로 회복이나 인플루엔자의 예방에도 효과 탁월!

재료(2인분)

마	·········5cm	생강 슬라이스	
연근	·········5cm		·······2장
양파	········1/4개	**B** ┌ 간장·····2작은술	
브로콜리	·····1/4개	│ 육수	
올리브 오일		│ ···1/2컵(100cc)	
	····2작은술	│ 토마토 통조림	
A ┌ 간 마늘		│ ·······1/2캔	
└ ······1작은술		소금, 후추··각 약간씩	

만드는 법

❶ 마, 연근은 껍질을 벗기고 1cm 두께로 자른다.
　양파는 1cm의 반원 모양으로 자른다.
❷ 브로콜리는 작은 송이로 잘라 데쳐둔다.
❸ 냄비에 올리브 오일을 두른 뒤 **A**를 넣고 천천히
　볶는다.
❹ **B**와 ❶의 야채류를 더해 졸이고 소금, 생강으로
　맛을 더해 ❷의 브로콜리를 그릇에 담는다.

대사	안티	피부	변비
증진	에이징	미용	예방

에너지	·······149kcal
단백질	·······5.2g
지질	··········5g
식물성식이섬유 총량	··4.9g
식염	·······2.0g

대사	면역력
증진	증진

게살을 얹은 무 요리

졸인 무 요리는 주로 추운 날에 많이 찾게 된다.
걸쭉한 생강과 게살의 풍미를 지닌 고명은 몸을 따뜻
하게 해준다.

재료(2인분)

무	········200g	소금	·······약간
A ┌ 물	·1컵(200cc)	게 통조림	
│ 닭수프의 원료		····1/2캔(40g)	
│ ·······1작은술		**B** ┌ 녹말가루 ·1큰술	
│ 간 생강 ·1작은술		└ 물 ·········1큰술	
└ 생강···1/3작은술		무 잎 ········적당량	

만드는 법

❶ 무는 껍질을 벗기고 적당한 크기로 자른다.
❷ 냄비에 **A**와 1의 무를 넣고 졸인다. 무가 부드러워
　지면 게살을 넣는다.
❸ 냄비에 **B**의 녹말을 풀어 걸쭉하게 한 뒤 용기에
　담아내고 마지막으로 잘게 썬 무잎을 올린다.

에너지	·······54kcal
단백질	·······4.1g
지질	·········0g
칼륨	·······289mg
식염	·······1.3g

호박 마파 곁들임

녹황색 채소의 대표인 호박에는 비타민 E가 풍부하게 함유되어 있다.
혈액 순환을 촉진하는 역할을 하여 냉증의 예방에도 효과적이다.

대사 증진	안티 에이징	피부 미용	변비 예방

재료(2인분)

호박 ··········· 1/8개	B ┌ 설탕 ······ 1작은술
파 ·········· 5cm	│ 된장 ····· 2작은술
빨간색 파프리카 1/8개	│ 닭수프의 원료 과립
A ┌ 참기름 ··· 2작은술	│ ········· 1작은술
│ 두반장 ·1/2작은술	└ 물 ·· 1/2컵(100cc)
│ 다진 생강	C ┌ 녹말가루
│ ········· 2작은술	│ ·········2작은술
│ 마늘 다진 것 ·1쪽	└ 물 ····2작은술
└ 다진 고기 ··100g	

만드는 법

❶ 호박은 씨를 제거하고 2cm 간격으로 자른다. 내열 접시에 올려 물에 적신 페이퍼타월이나 랩에 씌워 전자레인지에서 2분 동안 가열한 뒤 그릇에 담아낸다.

❷ 파와 빨간색 파프리카를 잘게 다진다.

❸ 프라이팬에 A와 ❷를 넣고 약한 불에서 향이 올라올 때까지 볶아낸다. 다져 놓은 고기와 B를 넣고 익었으면 C에 걸쭉함을 더해 ❶에 더한다.

에너지 ········ 280kcal
단백질 ········· 12.5g
지질 ·············· 12g
비타민 E ····· 6.0mg
식염 ············· 1.6g

대사 증진	빈혈 예방	피부 미용

에너지 ······· 28kcal
단백질 ········· 2.5g
지질 ·············· 0g
엽산 ··········· 71μg
식염 ············· 1.2g

콜리플라워 카레 보일

콜리플라워에 다량 함유되어 있는 성분인 엽산은 적혈구를 만드는 데 필요한 비타민이다.
빈혈의 예방이나 개선에 효과가 있다.

재료(2인분)

콜리플라워 ························1/2개	
물 ················ 자박자박하게 잠길 정도	
A ┌ 맑은 수프 과립 ·············· 1작은술	
│ 소금 ·························· 약간	
│ 카레가루 ················· 1/2작은술	
└ 슬라이스 생강 ················· 4장	

만드는 법

❶ 콜리플라워는 작은 송이로 자른다.

❷ 냄비에 물과 A를 넣은 뒤 ❶을 데치고 생강과 함께 그릇에 담아낸다.

대사
증진

피부
미용

에너지 ······· 203kcal
단백질 ········· 13.0g
지질 ·············· 15g
비타민B2 ····· 0.32mg
식염 ············· 1.1g

부
요
리

망에 거른 명란젓 계란말이

명란젓은 비타민 E와 B를 많이 함유하고 있다.
혈액 순환을 좋게 하는 니아신도 풍부하기 때문에
노화 방지와 미백 효과가 크다.

재료(2인분)

파 ············6cm	녹인 치즈 ········2장
샐러드 오일 ··2작은술	소금 ··········약간
간 생강 ······1작은술	스냅 완두콩 ······4개
명란젓 ········1/4알	
달걀 ············2개	

만드는 법

① 파는 얇게 다진다.
② 명란젓은 랩에 씌워 전자레인지에 30초 동안 가
   열한다.
③ 프라이팬에 기름을 두른 뒤①의 파와 생강을 볶고
   ②의 명란젓을 넣고 푼 달걀과 피자용 치즈를 섞
   어 스크램블 에그를 만든다.
④ 뜨거울 때 랩을 그릇에 씌우고 랩을 벗겨내 그릇
   에 담아낸다. 데친 강낭콩을 장식한다.

대사
증진

빈혈
예방

피부
미용

소고기 연근 조림

소고기에 함유된 비타민 B6는 단백질의 대사를 돕
기 때문에 피부와 머리카락을 보호한다.

재료(2인분)

소고기·········150g	A ┌ 설탕 ·······1큰술
연근 ··········50g	│ 술 ········1큰술
채썰어둔 생강	└ 간장 ·······1큰술
········2큰술	원 모양으로 자른
샐러드 오일 ··2작은술	빨간색 고추 ··적당량

만드는 법

① 소고기는 2cm 간격으로 썰고 연근은 껍질을
   벗겨 얇게 썰어둔다.
② 프라이팬에 샐러드 오일을 두른 뒤 연근과 간장
   을 넣고 볶는다. 연근의 수분기가 빠지면 소고
   기와 A의 빨간색 고추를 넣는다.
③ 국물이 없어질 때까지 졸이고, 그릇에 담아낸
   다.

에너지 ········293kcal
단백질 ········14.4g
지질 ············20g
비타민 B2 ····0.32mg
식염 ············1.4g

진저 어니언 수프

양파에서 나는 특유의 매운 향을 내는 황화알릴은 피로 회복,
식욕 증진, 불면증 해소에 효과가 있다. 디톡스 효과로 미용에도 좋다.

함유되어 있다
칼륨이 풍부하게
혈압을 낮추는

재료(2인분)

양파	100g
생강	1/2쪽
고체형 맑은 수프	1개
물	2컵(400cc)
버터	20g
소금, 후추	각 약간씩
잘게 다진 파슬리	약간

만드는 법

❶ 양파와 생강을 얇게 채썰어 준비한다.
❷ 냄비에 버터를 두르고 ❶이 익는 색이 돌 때까지 볶아낸다.
❸ ❷에 물 2컵과 맑은 수프를 더해 끓인다.
❹ 소금, 후추로 맛을 냈으면 그릇으로 옮겨 잘게 다진 파슬리를 뿌린다.

에너지	101kcal
단백질	0.8g
지질	8g
칼륨	107mg
식염	1.4g

대사 증진   안티 에이징   피부 미용   피로 회복

두부 목이버섯 생강 수프

목이 버섯에는 칼륨의 흡수를 돕는 비타민 D가
풍부하며, 비타민 B2도 풍부하고, 미백 효과도
뛰어나다.
두부와 더불어 저 칼로리의 건강한 수프이다.

대사
증진　안티
에이징　피부
미용

재료(2인분)

연두부 ·····················1/2모
목이버섯 ····················5g
A ┌ 물 ················2컵(400cc)
　│ 맑은 수프 과립 ·········1작은술
　│ 간장 ···················1작은술
　│ 술 ·····················2작은술
　└ 다진 생강 ··············1/2쪽
라유 ······················적당량

만드는 법

❶ 두부는 큰 정사각형 모양으로 자른다.
❷ 목이버섯은 물에 불려 먹기 좋은 크기
　로 자른다.
❸ 냄비에 A와 ❶, ❷를 넣고 끓인다.
❹ 한 번 끓여낸 뒤 그릇에 담아내고, 라유
　를 살짝 뿌린다.

에너지	70kcal
단백질	4.5g
지질	3g
비타민 D	0.9μg
식염	1.0g

대사
증진　빈혈
예방　피부
미용

에너지	71kcal
단백질	10.5g
지질	0g
칼륨	465mg
식염	1.3g

촉촉한 닭가슴살 생강 수프

고단백 저칼로리인 닭가슴살에 파와 생강을 더해 몸
과 마음을 동시에 따뜻하게 데워주는 더블 파워로 깊
은 맛의 정점을 찍는 수프이다.

재료(2인분)

닭가슴살 ········2개	A ········1작은술
소금 ···········약간	간장 ···1작은술
녹말가루 ·······적당량	슬라이스 생강
파 ············10cm	·············4장
물 ······2컵(400cc)	꼬투리째 먹는 완두
A ┌ 육수(무염)	·············2개

만드는 법

❶ 닭가슴살은 한 입 크기로 썰어 소금으로 밑간하
　고 녹말가루를 뿌린다. 파는 1cm로 자른다.
❷ 냄비에 기본 수프 A를 넣고 끓인 뒤 ❶을 넣고
　함께 끓인다.
❸ ❷를 그릇에 담고 빛깔을 좋게 하기 위해 어슷썰
　기한 파를 뿌려준다.

대사
증진

안티
에이징

피부
미용

진저 포토푀

몸을 따뜻하게 해주는 뿌리 채소와 야채를 잘라 보글보글 끓여준다.
양이 풍성하고 날이 추운 밤에 가볍게 허기를 달래기 좋은 수프이다.

에너지	159kcal
단백질	6.1g
지질	9g
엽산	97μg
식염	1.8g

재료(2인분)

양배추	1/8개	슬라이스 생강
양파	1/2개	4장
당근	1/4개	포크 소시지 4개
순무2개		소금, 후추 각 약간씩

A ┌ 고체형 맑은 수프
　　　　　1개
　└ 물 2컵(400cc)

만드는 법

❶ 양배추와 양파는 심을 제거하지 않고, 원뿔 모양을 그대
　로 살려서 자른다.
❷ 당근은 적당한 크기로 자르고, 순무는 4등분으로 자른다.
❸ 냄비에 A와 ❶과 ❷를 넣고 야채가 부드러워질 때까지
　천천히 끓인다.
❹ 소금과 후추로 간을 맞추고 그릇에 담아낸다.

대사증진　피부미용

에너지	177kcal
단백질	15.8g
지질	3g
비타민 B12	2.96μg
식염	1.2g

연어 뿌리 채소 생강 지게미 된장국

붉은 연어의 생선 살에 함유된 색소는 강력한 항산화의 힘이 있어 피부를 보호해준다. 양배추와 뿌리 채소의 조화는 몸을 따뜻하게 해주는 효과를 증대시킨다.

재료(2인분)

연어	1조각	생강 2장, 마늘 1쪽, 듬	
우엉	10cm	성듬성 썰어 놓은 파 2	
무	5cm	개)의 재료도 사용한다.	
당근	1/4개	A ┌ 지게미	30g
토란	2개	└ 술	1큰술
육수	300cc	미소 된장	1큰술
[육수는 24쪽의 수프		쪽파	적당량
스톡 사용, a(슬라이스			

만드는 법

❶ 연어는 4조각으로 자르고, 우엉은 비스듬히 얇게 썬다. 무와 당근은 5mm 두께의 반원 모양으로 자른다. 토란은 깨끗하게 씻은 뒤 랩에 씌워 전자레인지에서 2분 동안 가열하고, 껍질을 벗겨 한 입 크기로 자른다.

❷ 냄비에 ❶과 수프 스톡을 붓고 각각 잘게 썬 A의 재료를 더해 야채가 부드러워질 때까지 가열한다.

❸ A를 내열 용기에 넣고 랩을 씌워 전자레인지에서 1분 30초 동안 가열한 뒤 된장과 함께 ❷에 넣고 한 번 끓여준다.

❹ 팔팔 끓었으면 용기에 담고 파를 어슷썰기로 썰어 올린다.

고구마 유부 미소 된장국

마늘, 생강, 파의 만능 수프(수프 스톡)를 사용한 재료가 많은 된장국이다.
수프 스톡의 재료(생강, 마늘, 파)를 잘 활용해보자.

재료(2인분)

고구마	80g	A ┌ 슬라이스 생강	
유부	1장	│	2장
미역(건조)	3g	│ 마늘	1쪽
수프 스톡(만드는 법		└ 파	2개
은 24쪽)	300cc	미소 된장	1큰술

만드는 법

❶ 고구마는 껍질째로 씻고, 껍질째 1cm의 원통 모양으로 잘라 찐다.

❷ 유부는 데운 물에 한 번 끓여 기름기를 뺀 뒤 한 입 크기로 자른다.

❸ 미역은 물에 담가 불려 놓는다.

❹ 냄비에 수프 스톡과 스톡 재료 A를 넣은 뒤 ❶의 고구마가 잘 익었으면 ❷에 넣고, 불린 미역과 함께 그릇에 담아낸다.

대사증진　안티에이징　피부미용　변비예방

에너지	179kcal
단백질	9.3g
지질	9g
칼륨	164mg
식염	1.9g

강판에 간 생강 우동

참기름에 볶은 파와 갈아놓은 무즙으로 완성한 일본식의 맛.
깔끔한 생강의 향이 식욕을 돋운다.

재료(2인분)

닭가슴살 ······150g	미림 ·····1/2큰술
파 ·········1/2개	소금 ·····1작은술
무 ·········10cm	┌다진 생강
참기름 ·····1작은술	└·········1/2쪽
육수 ·····1작은술	데친 우동 ··2인분
물 ·····3컵(600cc)	파드득 나물 ·적당량
A ┌술 ··1큰술과 1/2	시치미 양념 ···적당량
└간장 ·······2/3	

만드는 법

❶ 닭고기는 큼지막하게 썰고, 파는 3cm의 길이로 썬다. 무는 껍질을 벗기고 강판에 갈아 자루로 가볍게 물기를 제거한다.

❷ 냄비에 참기름을 두르고 파의 양면을 구워 익혀질 때즘 닭고기를 넣고 충분히 익을 때까지 볶는다.

❸ 물 3컵에 육수를 더해 A와 우동을 넣고 끓인다.

❹ 그릇에 옮겨 간 무와 파드득 나물의 잎을 올려 시치미 양념을 뿌린다.

풍부해요. 식물성 식이섬유가 장 운동을 촉진시키는

에너지 ······498kcal	
단백질 ·········20.0g	
지질 ···········14g	
식물성식이섬유 총량 ··4.6g	
식염 ·········5.4g	

대사 증진

피부 미용

54

현미 떡국 찌개

육수의 매콤한 수프가 매력적이다.
빨간 고추의 캡사이신 성분이 더욱 몸을 따뜻하
게 해준다.

주요리

대사
증진 안티
에이징 피부
미용

재료(2인분)

소 넓적다리살	80g
부추	20g
닭 육수	1½컵(300cc)
간장	1 작은술
고추장	1/2작은술
김치	60g
현미 떡	2개
바늘썰기 생강	2작은술

만드는 법

❶ 소고기는 큰지막한 크기로 썬다. 부추는
3cm 길이로 자른다.
무는 껍질을 벗기고 갈아낸 뒤 자루에
올려 가볍게 수분기를 제거한다.

❷ 냄비에 수프, 간장, 고추장을 넣고 중간
세기의 불에 올린다. 끓었을 때 소고기와
김치, 부추를 넣는다.

❸ 토스터기 등을 이용하여 현미 떡을 구워
용기에 담은 뒤 ❷의 수프를 더하고 마
지막으로 채 썬 생강을 올려준다.

에너지	227kcal
단백질	11.7g
지질	7g
식물성 식이 섬유	3.1g
식염	2.3g

대사
증진 피부
미용

카망베르 진저 바게트

풍미가 깊은 카망베르 치즈가 녹아 아삭한
식감을 더해주는 생강 바게트이다.
호두 토핑을 뿌려 포인트를 준다.

재료(2인분)

바게트	60g
A ┌ 올리브 오일	2작은술
└ 간 생강	2작은술
카망베르 치즈	1/3개
호두	적당량

만드는 법

❶ 바게트 빵 4개를 비스듬하게 나열한 뒤
A를 바르고 접시에 나열한다.

❷ ❶의 카망베르 치즈를 올려 오븐 토스터
기로 가볍게 익을 때까지 굽는다. 마지막
으로 잘게 부순 호두를 뿌린다.

에너지	198kcal
단백질	7.0g
지질	11g
칼슘	99mg
식염	0.9g

이탈리아 혼합 죽

토마토와 돼지고기를 맑은 장국에 졸이면 완성되는 심플한 레시피이다.
건강한 잡곡밥과 토마토, 바질의 초록색이 어우러진 서양식 수프이다.

에너지	275kcal
단백질	10.0g
지질	6g
비타민 B1	0.26mg
식염	1.4g

재료(2인분)

토마토···작은 것 1개 ··
··········(100g)
얇게 썬 돼지고기··60g
A ┌콘소메 수프
  └·········1½컵
  └ 간 생강 ···2작은술
  └ 소금, 후추·각 약간씩
잡곡밥··········200g
가루 치즈······적당량
바질 ·········적당량

만드는 법

❶ 토마토는 1cm의 간격으로 썰고, 돼지고기는 1cm의
폭으로 썬다.
❷ 냄비에 A와 ❶의 토마토를 넣고, 중간 세기의 불에서
한 번 끓여준 뒤 돼지고기를 넣는다.
❸ 고기의 색깔이 익었으면 잡곡밥을 넣고 한 번 끓여준
뒤 치즈 가루와 바질을 뿌린다.

양배추 갓 펜네

양배추의 단맛＋마늘, 생강의 풍미가 환상의 궁합을 이룬 레시피이다.
갓의 은은한 산미와 향이 맛에 깊이를 더한다.

재료(2인분)

양배추·········2장	슬라이스 마늘 ···1쪽
절임 갓········40g	채 썬 생강 ···1/2쪽
올리브 오일	펜네·········160g
·······2작은술	마늘 ·········1쪽

만드는 법

❶ 양배추는 적당한 크기로 썰고, 절임 갓은 잘게 썬다.
❷ 프라이팬에 올리브 오일을 두른 뒤 편으로 썬 마늘을 넣고 가열한 다음 ❶을 볶는다.
❸ 냄비에 물 1.5 l 와 소금 2(분량 외)를 넣고 한 번 끓어 올랐을 때 펜네를 넣는다.
❹ 펜네가 잘 삶아졌으면 자루에 올려 ❷와 섞은 뒤 접시에 담아낸다.

대사
증진　빈혈
예방　피부
미용　변비
예방

에너지·······362kcal
단백질·········11.8g
지질············6g
식물성 식이 섬유 총량 ·4.3g
식염············1.2g

진저 민트 티

청량감이 가득한 민트에
산뜻한 생강의 향을 더한 레시피이다.
진한 요리를 즐긴 뒤의 소화 촉진에 좋다.

대사
증진 　안티
에이징 　변비
예방

재료(2인분)

따뜻한 물	300cc
간 생강	2작은술
민트 잎	적당량

만드는 법

❶ 유리컵에 민트 잎과 데운 물에 넣고 마지막으로 간 생강을 더해 섞는다.

에너지	2kcal
단백질	0g
지질	0g
칼륨	14mg
식염	0g

대사
증진 　안티
에이징

사과 진저 와인 콤포트

레드 와인에 가득한 폴리페놀의 항산화 작용으로 안티에이징에 효과적이다.

재료(2인분)

사과		1개
A	슬라이스 레몬	2장
	레드와인	150cc
	설탕	3큰술
	슬라이스 생강	6장

만드는 법

❶ 사과는 껍질을 벗기고 심을 제거한 뒤 8등분으로 자른다.
❷ 냄비에 A와 ❶을 넣고 중간 세기의 불에서 20분 동안 끓인 뒤 그릇에 담아낸다.

에너지	127kcal
단백질	0.5g
지질	0g
식물성 식이 섬유	2.1g
식염	0g

미니 진저 핫케이크

생강을 넣어 알싸한 맛을 더했다.
달콤함이 가득한 부드러운 핫케이크 꿀과 시나
몬을 기호에 맞게 곁들인다.

재료(2인분)

핫케이크 믹스	·················	100g
A ┌ 달걀	·················	1/2개
├ 우유	·················	75cc
└ 간 생강	·················	1작은술
샐러드 오일	·················	1/2큰술
꿀	·················	4작은술
시나몬 파우더	·················	적당량

만드는 법

❶ 깊이가 있는 그릇에 A를 섞고, 핫케이크
믹스를 섞는다.

❷ 중간 세기의 불에 가열하여 적신 천에 올
려 식힌 뒤 샐러드 오일을 두르고 반죽을
(2인분 미니 사이즈 6장 분량)을 만든다.

❸ 약한 불에서 양면을 굽고 접시에 담은 뒤
꿀을 뿌리고 마지막으로 시나몬 파우더를
뿌린다.

대사
증진

에너지	·········	298kcal
단백질	·········	6.6g
지질	·········	8g
칼슘	·········	101mg
식염	·········	0.6g

대사
증진

유자 생강 갈분탕

유자와 생강의 더블 효과로 따뜻해지는 효과
가 몸속부터 느껴진다.

재료(2인분)

A ┌ 간 생강	·················	2작은술
├ 물	·················	3/4컵 150cc
├ 녹말	·················	20g
└ 꿀	·················	1큰술
유자즙	·················	1큰술
유자 껍질	·················	적당량

만드는 법

❶ 냄비에 A를 넣고 중간 세기의 불에서 나
무 주걱을 저어가며 데워준다.

❷ 으깬 가루가 녹았다면 유자를 짜내 용기
에 담아내고 기호에 따라 껍질을 뿌린다.

에너지	·········	71kcal
단백질	·········	0.1g
지질	·········	0g
칼륨	·········	32mg
식염	·········	0g

봄·여름편

피부 미용·다이어트·더위 먹는 것을 방지하는 데 효과적인 메뉴

겨울철의 냉기보다 더 무서운 것이 '여름철의 냉기'라고 한다.
에어컨의 과다 사용으로 인한 냉기나 운동 부족 또는
찬 음식을 너무 많이 섭취하여 자신도 모르는 사이에
몸이 '냉한 체질'로 변하는 경우가 많다.
그러나 더운 계절에 찬 것을 관리하는 일은 쉽지 않다.
생강 레시피는 여름철의 체온 조절에 매우 효과적이다.
필요 없는 수분은 배출하고, 더위를 해소시켜주는 동시에 더위를 타지 않게 해주고
신진대사가 활발해지기 때문에 피부 미용과 다이어트에도 큰 효과가 있다.

매콤 달콤 생강 소스를 얹은 죽순 돼지고기

대사증진 · 피부미용 · 피로회복

죽순의 아삭하게 씹히는 식감과 육즙 가득한 돼지고기가 조화를 이룬 레시피이다. 비타민 B1이 가득한 돼지고기는 피로 회복에 도움을 준다.

재료(2인분)

샤브샤브용 돼지고기 ·········8장	소금, 후추···각 약간
죽순(이삭 10cm) ·······1/2개	A ┌ 꿀 ·······1작은술
밀가루·······1큰술	│ 케첩 ·······2작은술
마늘·········1쪽	│ 간장····2작은술
올리브 오일 ·······1작은술	└ 간 생강·1작은술
	크레송·······적당량

만드는 법

❶ 돼지고기에 소금, 후추로 밑간을 한다.
❷ 죽순은 가로로 8등분하여 자른다.
❸ 죽순을 돼지고기에 싸서 밀가루를 뿌린다.
　프라이팬에 올리브 오일을 두른 뒤 마늘을 볶아내고 향이 올라올 때 돼지고기로 말아둔 죽순을 올려 소금과 후추를 뿌린다.
❹ ❸에서의 한쪽 면이 구워지면 뒤집어서 A를 돌리는 듯한 느낌으로 묻힌다.
❺ 용기에 담아낸 뒤 크레송으로 장식한다.

에너지·······329kcal
단백질·········21.1g
지질·········21g
비타민 B1····0.72mg
식염·········1.4g

대사
증진

빈혈
예방

피부
미용

안티
에이징

피로
회복

주
요
리

장어 아스파라거스 볶음

더위를 먹지 않고 체력을 회복시키는 데는 장어가 좋다.
아스파라거스도 피로 회복 효과가 높고 비타민 A·C·E를 갖추고 있어 한 접시로 항산화의
힘을 섭취할 수 있다.

에너지	196kcal
단백질	12.7g
지질	15g
비타민 A	764㎍
식염	0.7g

재료(2인분)

장어(양념)	1마리
아스파라거스	4개
황색 파프리카	1/8개
생강	1/2쪽
샐러드 오일	2작은술

만드는 법

❶ 장어는 2cm의 폭으로 자르고, 아스파라거스는
데쳐서 4cm 간격으로 자른다. 파프리카는 씨
를 제거한 뒤 얇게 썰고, 생강도 얇게 썬다.

❷ 프라이팬에 샐러드 오일을 두른 뒤 ❶을 볶아
그릇에 담는다.

대사
증진 · 빈혈
예방 · 피부
미용 · 안티
에이징

다랑어포 생강 카르파초

다랑어에 함유되어 있는 비타민 B12는 빈혈로 인한 피부의 부스럼을 예방하여
투명한 느낌의 피부를 만들어준다.

에너지	190kcal
단백질	18.3g
지질	10g
비타민 B12	6.02㎍
식염	0.9g

재료 (2인분)

다랑어	1/2조각	A ┌ 다진 생강	
소금, 후추	각 약간씩	│	2작은술
토마토	1/2개	│ 레몬즙	2큰술
오이	1/2개	└ 올리브 오일	
양파	1/4개	│	1큰술
		간장	1/2작은술

만드는 법

❶ 다랑어는 7mm 정도의 두께로 자르고 소금, 후추를 뿌
려 접시에 나열한다. 1인 5조각을 놓는 것이 기준이다.
❷ 토마토는 1인분 1/4개를 기준으로 자른다. 다랑어와
토마토를 번갈아가며 장식한다.
❸ 오이는 갈고, 양파는 잘게 다진다.
❹ 깊이 있는 용기에 A와 ❸을 잘 섞고, 담아둔 접시에
뿌린다.

가리비 새우 해산물 볶음

생강과 마늘의 향미로 깔끔한 맛을 느낄 수 있는 해산물 볶음이다.
가리비에는 항산화의 힘이 강한 셀렌 성분이 풍부해 노화 방지나 암 예방에 효과적이다.

에너지	220kcal
단백질	30.1g
지질	7g
비타민 B12	2.48㎍
식염	1.1g

주요리

재료(2인분)

가리비 조개 160g	샐러드 오일 1큰술
새우 160g	마늘 1쪽
소금 약간	후추 약간
술 2작은술	생강 2작은술
청경채 200g	

만드는 법

❶ 가리비 조개는 반으로 크게 잘라 새우와 함께 소금과 술로 밑간을 한다.

❷ 생강과 마늘은 잘게 다진다.

❸ 청경채는 3cm의 길이로 자르고, 뿌리 부분은 6~7cm의 간격으로 자른다.

❹ 프라이팬에 기름을 두르고 ❷를 넣어 볶아 향이 날 때, ❶을 더해 볶는다. 마지막으로 ❸의 청경채를 더해 강한 불에 빠르게 볶고 소금, 후추로 조리한다.

대사 증진　안티 에이징　피부 미용

비지 돼지고기 경단

변비는 피부 미용의 적이다.
비지를 넣은 고기 요리로 저칼로리 식물성 식이 섬유를
듬뿍 담아 건강한 매뉴로 만들어 보자.

재료(2인분)

A	돼지고기와 소고기를 섞어 저민 고기 ·········50g 비지 ·········70g 달걀 ·········1/2개 다진 파 ·······15g 다진 생강 ·2작은술 녹말 가루 ····1큰술 샐러드 오일····2작은술	B	물 ·········1/2컵 설탕 ·······1큰술 간장 ·······1/2작은술 식초 ·······1/2큰술
		C	케첩 ·······3큰술 녹말 가루 ···1큰술 물 ·······1큰술 비늘썰기 한 생강 ·········적당량

만드는 법

❶ A를 잘 섞고, 1개 25g 정도의 크기로 경단을 만든다. 경단을 내열이 가능한 접시에 올려놓고 전자레인지로 5분 동안 가열한다.
❷ 프라이팬에 샐러드 오일을 넣고, 경단이 노릇노릇하게 익을 때까지 굽는다.
❸ ❷에 B를 넣고 졸인 뒤 C에서 걸쭉하게 만든다.
❹ 그릇에 담아 미리 준비한 생강을 올린다.

대사 증진 안티 에이징 변비 예방

에너지	·······225kcal
단백질	·······9.0g
지질	·······10g
식물성 식이 섬유	·4.8g
식염	·······1.1g

아보카도 오믈렛

아보카도의 성분에는 피부 미용에 좋은 비타민 E가 가득하다. 달걀에는 지방이나 당질을 연소시키는 비타민 B2가 풍부하다.

재료(2인분)

달걀	·······작은 것 3개
아보카도	·······1/2개
다진 생강	·······1작은술
베이컨	·······1/2장
소금, 후추	·······각 약간씩
샐러드 오일	·······1작은술
다진 파슬리	·······적당량
방울토마토	·······6개

만드는 법

❶ 달걀을 깊이가 있는 그릇에 잘 저어준다.
❷ 아보카도는 껍질을 벗겨 씨앗을 제거한 뒤 1cm 간격으로 썰고, 베이컨은 작은 크기로 잘게 잘라 ❶의 깊이가 있는 그릇에 넣는다. 잘 섞였으면 소금, 후추를 뿌린다.
❸ 프라이팬에 샐러드 오일을 두르고 볶아 향이 돌면 ❷를 넣고, 반숙이 되면 달걀을 뒤집어 모양을 잡고 접시에 담아낸다.
❹ 같은 프라이팬에 볶은 방울토마토를 올려 파슬리를 잘게 다진 뒤 뿌린다.

에너지	·······237kcal
단백질	·······11.3g
지질	·······19g
비타민 B2	·······0.43mg
식염	·······0.7g

대사 증진 안티 에이징 피부 미용

대사 증진 · 안티 에이징 · 피부 미용 · 피로 회복 · 면역력 증진

주요리

여주 생강 챔플

여주는 가열해도 비타민 C가 파괴되지 않기 때문에 볶음 요리에 최적이다.
간장의 풍미를 더하면 조금 색다른 챔플 요리가 완성된다.

에너지	198kcal
단백질	14.2g
지질	13g
비타민 C	20mg
식염	0.7g

재료(2인분)

목면 두부	1/2모
돼지고기	50g
여주	1/2개
참기름	2작은술
채 썬 생강	2작은술
A ┌ 술	1작은술
└ 간장	1/2작은술
소금, 후추	각 약간씩
달걀	1개
다랑어포	적당량

만드는 법

1. 두부는 물기를 빼고 돼지고기는 한 입 크기로 썬다.
2. 여주는 가로로 반을 잘라 씨를 제거하고 5mm 두께의 반원형 모양으로 잘라 소금(분량 외)으로 주물러 물에 씻어낸 뒤 물기를 짠다.
3. 프라이팬에 참기름을 두르고 가열한 뒤 돼지고기와 생강을 볶는다. 두부를 더해 한 번 더 볶은 뒤 A를 넣고 간을 맞춘 다음 풀어둔 달걀을 더해 그릇에 담아내고 다랑어포를 뿌린다.

65

멜로키아 한천 무침

빈혈 예방을 위한 비타민 B12나 풍부한 엽산
을 섭취할 수 있는 저칼로리의 시원한 레시피
이다. 피부 미용에도 좋다.

대사
증진　빈혈
예방　피부
미용

재료(2인분)

멜로키아	· · · · · · · · · · · · · · · · ·	1단
A ┌ 말린 치어	· · · · · · · · · · · · · ·	30g
├ 한천	· · · · · · · · · · · · · · · · ·	150g
├ 폰즈	· · · · · · · · · · · · · · · ·	1½큰술
└ 바늘썰기한 생강	· · · · · · · ·	2작은술

만드는 법

❶ 멜로키아는 심을 제거한 뒤 뜨거운 물에
　선명한 색이 돌 때까지 데치고 냉수에 덜
　어내 물기를 짠 다음 2cm 정도의 크기
　로 자른다.
❷ 깊이가 있는 그릇에 ❶과 A를 넣고 잘
　버무린 뒤 접시에 담아낸다.

에너지	· · · · · · · · 46kcal
단백질	· · · · · · · · 6.6g
지질	· · · · · · · · 1g
엽산	· · · · · · · · 130μg
식염	· · · · · · · · 1.6g

에너지	· · · · · · · · 32kcal
단백질	· · · · · · · · 1.2g
지질	· · · · · · · · 0g
칼륨	· · · · · · · · 222mg
식염	· · · · · · · · 0.9g

대사
증진　안티
에이징　피부
미용

냉토마토 수프

토마토에는 카로틴과 비타민 C가 가득하다.
항산화 작용을 하는 빨간 색소 성분인 리코펜
도 많이 함유되어 있고 미백 효과에 뛰어나다.

재료(2인분)

토마토	· · · · · · · · · · · · · · · · ·	1개
A ┌ 파	· · · · · · · · · · · · · · · ·	5cm
├ 생강	· · · · · · · · · · · · · ·	2작은술
└ 양하	· · · · · · · · · · · · · ·	1/2개
B ┌ 식초	· · · · · · · · · · · · ·	2작은술
├ 간장	· · · · · · · · · · · · · ·	2작은술
└ 미림	· · · · · · · · · · · · · ·	1작은술
오크라	· · · · · · · · · · · · · · ·	1개

만드는 법

❶ 토마토는 슬라이스하여 접시에 올린다.
❷ A는 잘게 다져 그릇에 넣고 B와 섞어 ❶
　에 뿌린다.
❸ 오크라는 색이 선명해지도록 데친 뒤 단
　면으로 잘라 ❷에 올린다.

말린 무나물

말린 무나물에는 식물성 식이 섬유나 칼슘이 가득하고, 고추의 매운 성분인 캡사이신은 지방 연소 효과가 높은 다이어트 추천 식품이다.

대사증진 · 피부미용

재료(2인분)

말린 무(건조시킨 것) ·········5g	마늘 다진 것 ··········1작은술
오이 ··············50g	다진 생강 ·1작은술
당근(둥글게 썬다) ··········1cm	간장 ·····1/2큰술
A ┌ 잘게 다진 파	참기름 ·1작은술
└ ·········1큰술	설탕 ···1/2작은술
	시치미 양념 ···적당량

만드는 법

1. 잘라 말려둔 무는 씻어서 물에 불린다. 끓는 물에 데친 뒤 물기를 짜서 5~6cm로 자른다.
2. 오이는 비스듬하게 잘라서 얇게 채 쳐둔다. 당근도 채 쳐둔 것을 살짝 데친다.
3. A를 섞은 뒤 1과 2를 무쳐 그릇에 담아내고 시치미 양념을 뿌린다.

에너지	·········47kcal
단백질	·········1.0g
지질	·········2g
비타민 A	·····109μg
식염	·········0.7g

대사증진 · 빈혈예방 · 피부미용

새콤 달콤 소스를 올린 간 구이

철분이나 비타민의 보물 창고라고 불리는 간은 피부 미용에 빠질 수 없는 식품이다.
생강이 간 특유의 냄새를 잡아 더욱 맛있어진다.

재료(2인분)

돼지 간 ··························100g
녹말 ·····························2큰술
샐러드 오일 ·····················1큰술
A ┌ 설탕 ·························1큰술
│ 식초 ·························1큰술
│ 간장 ·························1큰술
└ 잘게 썬 생강 ···············2작은술
시치미 양념 ·····················적당량

만드는 법

1. 간은 한 입 크기로 크게 자른 뒤 녹말에 묻혀 샐러드 오일을 두른 프라이팬에 양면을 잘 구워낸다.
2. A를 용기에 넣고 잘 섞는다.
3. 1을 2에 살짝 데치듯 담가 그릇에 담아낸다.

에너지	·········176kcal
단백질	·········11.0g
지질	·········8g
철	·········6.7mg
식염	·········1.4g

대사
증진 · 피부
미용

오이와 샐러리 염장 다시마 무침

샐러리의 성분에는 신경을 정리해 스트레스를 완화시키는 효과가 있으며, 신경을 안정시키는 효과도 있다.

재료(2인분)
오이	1개
샐러리	10cm
채 썬 생강	1/2쪽
염장 다시마	1큰술

만드는 법
① 오이와 샐러리는 듬성듬성 잘라 깊이가 있는 그릇에 담는다.
② ①에 생강과 염장 다시마를 넣고 잘 섞어 용기에 담아낸다.

에너지	16kcal
단백질	1.6g
지질	0g
칼륨	277mg
식염	0.9g

생강 풍미 돼지고기 감자 볶음

생강의 풍미가 식욕을 돋우는 일품 요리이다. 양파의 알리신이 돼지고기 비타민 B1의 흡수를 높여 피로 회복을 도와준다.

대사
증진 · 피부
미용

재료(2인분)
돼지고기 뒷다리살	100g
A ┌ 설탕	1/2큰술
└ 간장	1/2큰술
감자	2개
양파	1/2개
당근	1/2개
슬라이스 생강	6
참기름	적당량
B ┌ 물	1컵(200cc)
│ 간장	1큰술
│ 미림	1큰술
└ 설탕	1큰술
꼬투리째 먹는 강낭콩	적당량

만드는 법
① 돼지고기를 한 입 크기로 자른 뒤 A를 잘 섞어 간을 한다.
② 양파는 얇게 썰고, 감자와 당근은 적당한 크기로 자른다.
③ 참기름을 두른 냄비에 돼지고기를 볶아 슬라이스한 생강과 ②의 야채를 넣고 함께 볶는다.
④ B를 넣고 뚜껑을 닫아 10분 정도 졸인다.
⑤ 감자가 부드러워지면 약한 불에서 졸여 2~3분 동안 졸인다.
⑥ 용기에 담아 꼬투리 강낭콩을 올린다.

에너지	292kcal
단백질	14.0g
지질	8g
비타민 B1	0.59mg
식염	2.1g

대사 증진 　안티 에이징 　피부 미용 　변비 예방

두부와 야채 그릴 구이

비타민 A나 E가 풍부한 녹황색 야채와 단백질을 충분히 섭취할 수 있는 목선 두부로, 영양 밸런스가 일품이다.

재료(2인분)

목선 두부(물기 제거)······1/2모	참기름 ·······1작은술
가지 ·············1개	닭고기 다짐육 ·······50g
순무 ·············2개	B ┌ 고추장·1/2작은술
방울토마토 ·······4개	├ 닭 육수 ····1/4컵
단호박 ··········1/8개	└ 간장 ·····1작은술
빨간색 파프리카·1/8개	C ┌ 녹말 ····2작은술
A ┌ 생강 ·········15g	└ 물 ·······2작은술
├ 마늘 ·········10g	
└ 파 ···········10g	

에너지 표

에너지	203kcal
단백질	31.1g
지질	6g
비타민 A	234mg
식염	0.7g

만드는 법

❶ 야채, 두부는 각각 먹기 좋은 크기로 자른다.
❷ 야채와 두부를 프라이팬에 노르스름해질 때까지 구운 뒤 접시에 담아낸다.
❸ A를 잘게 다져 참기름으로 다짐 닭고기를 볶고, B를 넣고 살짝 졸여준다. 간장으로 맛을 더해 C를 넣고 걸쭉해지도록 만들고 용기에 따라 2에 곁들인다.

※ 여기서는 불소 가공된 프라이팬을 사용하고 있기 때문에 기름이 두르지 않고 구웠지만, 보통의 프라이팬은 재료가 탈 수 있는 위험이 있기 때문에 기름을 두르고 구워도 좋다.

톳 샐러드

톳에는 칼슘과 철이 매우 풍부하다.
풍부한 야채와 함께 먹으면 비타민 C는 철의 흡수를 돕는 역할을 한다.

대사 증진 　빈혈 예방 　피부 미용

재료(2인분)

톳(건조) ············1큰술
수채 ···············50g
햄 ················15g
생강 ···············10g
A ┌ 폰즈 소스(시판) ·······1큰술
└ 참기름 ···········1작은술

만드는 법

❶ 톳은 물에 불려 데친다.
❷ 수채는 3cm로 자르고, 햄과 생강은 채로 썬다.
❸ 1과 2를 깊이가 있는 그릇에 담아 A와 곁들인다.

에너지	49kcal
단백질	2.4g
지질	3g
칼륨	241mg
식염	1.1g

바지락 생강 수프

생강, 파, 마늘 수프 스톡(24쪽 참조)에 바지락을 넣은 저칼로리 수프이다.
여기서 수프 스톡의 조개도 함께 사용한다. 바지락에는 비타민 B12가 풍부하게 함유되어 있어 악성 빈혈의 예방에 효과적이다.

재료(2인분)

바지락	10개
시메지 버섯	반 팩
수프 스톡(만드는 법은 24쪽 참조)	300cc
A ┌ 슬라이스 생강	2장
│ 마늘	1개
└ 파(잘게 다진 것)	2개
소금, 검은 깨	각 약간씩

만드는 법

❶ 바지락은 씻어서 해감을 해둔다. 시메지 버섯은 다듬어둔다.

❷ 냄비에 수프 스톡과 구재(A), 바지락, 시메지 버섯을 넣은 뒤 중간 세기의 불에서 끓여 떫은 맛을 없애고 소금, 후추로 간을 해 그릇에 옮겨 담아낸다.

에너지	13kcal
단백질	1.6g
지질	0g
비타민 B12	8.39μg
식염	1.0g

대사 증진　빈혈 예방　피부 미용

대사
증진

빈혈
예방

피부
미용

양상추 마늘 중화 달걀 수프

양상추의 아삭한 맛이 맛을 더욱 돋우어주는 수프이다.
마늘과 생강의 더블 효과로 몸의 냉증을 확실히 해소해준다.

에너지	67kcal
단백질	3.5g
지질	5g
엽산	39mg
식염	0.9g

재료(2인분)

양상추·········1/4개
A ┌ 간 마늘
  └ ········1작은술
  간 생강
  └········1작은술
  참기름 ··1작은술

B ┌ 닭 육수 ·1작은술
  └ 물········1½컵
달걀 ············1개
소금·······각 약간씩
후추·······각 약간씩

만드는 법

❶ 양상추는 먹기 좋은 크기로 찢어둔다.

❷ 냄비에 참기름과 A를 넣고 약한 불에서 향이 올라올 때까지 볶아낸 뒤 B를 붓고 끓인 다음 ❶의 양상추를 넣는다.

❸ 소금, 후추로 밑간을 하고 달걀을 풀어 넣는다. 그릇을 옮겨 담는다.

풋콩 포타주

풋콩에는 '조혈의 비타민'이라 불리는 엽산이 풍
부하게 함유되어 있다.
식물성 식이 섬유도 가득한 수프이다.

대사
증진

빈혈
예방

피부
미용

변비
예방

재료(2인분)

냉동 풋콩	100g
양파	1/4개
버터	5g
맑은 수프 과립	1/2작은술
우유	1컵(200cc)
다진 생강	1작은술
소금, 후추	적당량

만드는 법

❶ 냉동 풋콩은 해동하여 꼬투리를 벗겨둔다.
   양파는 1cm의 폭으로 자르고, 생강은 잘
   게 다진다.
❷ 냄비에 버터를 넣고 양파, 생강을 부드러
   워질 때까지 볶는다.
❸ ❷의 냄비에 풋콩이 잠길 정도의 물을 넣
   고 10분 동안 졸인다.
❹ ❸을 믹서기에 갈아 부드럽게 한다.
❺ 냄비에 ❹와 우유, 맑은 수프를 넣은 뒤
   약한 불에 끓이고 한 번 끓어올랐을 때 소
   금과 후추로 간을 맞춘다.

에너지	174kcal
단백질	10.0g
지질	9g
엽산	190μg
식염	0.7g

대사
증진

안티
에이징

피부
미용

에너지	97kcal
단백질	10.6g
지질	0g
칼륨	440mg
식염	1.2g

가리비 냉콘 수프

국물과 간장으로 이루어진 일본식 풍미를 지
닌 요리이다.
간 생강으로 상큼함을 연출한다.

재료(2인분)

육수	2컵(400cc)
A ┌ 술	약간
├ 소금, 후추	각 약간씩
└ 간장	1/2작은술
크림 콘	90g
가리비살 관자(횟감)	4개
간 생강	적당량
이탈리안 파슬리	적당량

만드는 법

❶ 냄비에 육수를 붓고 끓어오를 때 크림
   콘과 A를 넣고 한 번 더 끓었을 때 끈다.
❷ ❶의 조열이 식으면 냉장고에서 식힌다.
❸ 그릇에 담아 가리비 관자를 넣고, ❷에서
   식힌 수프를 붓는다.
❹ 간 생강을 올리고 이탈리안 파슬리를 뿌
   린다.

대사
증진

면역력
증진

시원한 참마 수프

참마의 독특한 점액에 함유되어 있는 무틴에는 면역력 회복과 면역력을 높이는 효과가 있다. 생강과 푸른 차조기를 올려 상큼하게 즐기자.

재료(2인분)

참마	150g
간 생강	적당
육수	2컵
간장	1작은술
미림	약간
푸른 차조기	적당량

만드는 법

❶ 참마는 껍질을 벗기고, 갈아둔다.
❷ 육수에 간 생강과 간장, 미림을 더해 잘 식혀두고 ❶의 간 참마와 합친다.
❸ 용기에 ❷를 붓고 채 쳐두었던 푸른 차조기를 뿌린다.

에너지	61kcal
단백질	2.6g
지질	0g
칼륨	476mg
식염	0.6g

대사
증진

한국식 냉국 수프

더운 여름이기 때문에 더욱 맛있고, 차가워도 몸속을 따뜻하게 해주는 다이어트 추천 메뉴이다.

재료(2인분)

오징어(얇게 썬 것)	40g
오이	100g
부추	1~2단
A ┌ 미소 된장	2큰술
├ 레몬즙	1큰술
└ 생강즙	1작은술
간 마늘	소량
물	1과 1/4컵
흑초	1과 1/2큰술
김치	40g

만드는 법

❶ 오징어는 살짝 데친다. 오이는 비스듬하고 얇게 썬 뒤 채 썰기로 마무리한다. 부추는 5mm의 폭으로 썬다.
❷ 폭이 깊은 그릇에 A를 합쳐 잘 섞는다.
❸ 냉장고에서 ❶과 ❷를 식혀 먹기 직전에 섞어 적당한 양을 덜어 먹는다. 김치를 곁들인다.

에너지	100kcal
단백질	7.8g
지질	2g
칼륨	492mg
식염	2.8g

대사
증진

빈혈
예방

피부
미용

안티
에이징

붓카케 소면 풍

씹는 맛이 좋은 소면에 장어를 곁들였다. 피로 회복에 최적인 일품 요리이자,
아삭하게 즐기는 만족도 만점의 스테미너 음식이다.

에너지	635kcal
단백질	29.1g
지질	19g
비타민 A	839mg
식염	4.7g

재료(2인분)

소면	4단	채 친 양하	1개
장어	1꼬치	채 친 생강	1/2쪽
A ┌ 달걀	2개	장국(3배 농축)	
│ 샐러드 오일			60g
└	1/2작은술	물	120cc
B ┌ 오이	1개		
└ 소금	약간		

만드는 법

① 미리 삶아 놓은 소면을 그릇에 담는다.
② A의 달걀을 얇게 썰어두고 조열이 식었을 때 ①과 곁들인다.
③ 장어는 6등분 하여 1인분 3조각으로 잘라 ②에 올린다.
④ 오이는 얇게 자른 뒤 소금에 절여 물기를 짜내고 ③에 올린다.
양하는 생강과 함께 올린다.
⑤ 마지막으로 미리 준비해둔 장국을 뿌려 먹는다.

생강과 셀그 새우밥

알록달록 새우를 올려 눈이 즐거운 밥.
바삭하고 씹혀 가벼운 느낌의 식감을
가진 셀그 새우에는 칼륨이 풍부하다.
생강의 알싸한 향을 더했다.

재료(2인분)

셀그 새우(건조시킨 것)	5g
채 친 생강	1큰술
샐러드 오일	2작은술
술	1큰술
밥	2인분
소금	1/2작은술

만드는 법

❶ 프라이팬에 샐러드 오일과 셀그 새
  우, 생강, 술을 넣고 볶는다.
❷ 그릇에 밥과 ❶, 소금을 뿌려 섞고
  그릇에 옮긴다.

에너지	273kcal
단백질	5.0g
지질	5g
칼슘	55mg
식염	1.3g

대사
증진

에너지	407kcal
단백질	19.5g
지질	11g
칼슘	254mg
식염	2.8g

대사
증진

안티
에이징

피부
미용

간단한 냉국밥

깨, 미소 된장, 생강의 3중주.
양하와 푸른색 차조기 양념의 효과로
식욕이 없을 때 가볍게 즐길 수 있다.

재료(2인분)

닭 연어 통조림	작은1캔
A ┌ 된장	2큰술
├ 갈아 놓은 깨	2큰술
└ 육수	3컵(600cc)
푸른 차조기	5장
양하	1개
오이	1개
간 생강	1작은술
밥	2인분

만드는 법

❶ 연어 통조림의 살코기를 으깨고,
  절구통에 A의 재료를 간다. 얇게
  썰어둔 오이를 더해 냉장고에 식
  혀둔다.
❷ 푸른 차조기와 양하를 잘게 썬다.
❸ 그릇에 밥을 담아 ❶을 붓고 ❷
  의 양념과 간 생강을 올려 담아
  낸다.

차조 명란 구운 유부

유부에 속을 채워 오븐 토스터기에 굽기만 하면 손쉽게 완성되는
향이 좋은 차조기와 명란젓의 풍미가 환상의 조화를 이룬 맛이다.

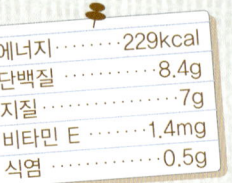

에너지	229kcal
단백질	8.4g
지질	7g
비타민 E	1.4mg
식염	0.5g

재료(2인분)

유부	2장
밥	1공기
푸른 차조기	2장
명란젓	1/2개
생강	1/2쪽

만드는 법

❶ 유부는 긴 칼을 이용해 3등분으로 자르고, 긴 정사각형으로 만든다.

❷ 푸른 차조기, 생강은 잘게 다지고, 명란젓은 구워 껍질을 벗기고 잘게 부숴 밥과 섞는다.

❸ ❶에 ❷를 넣고 원통형으로 감아 알루미늄 포일에 싼다. 그대로 오븐 토스터기에서 5분 동안 굽고 3~4개씩 잘라 그릇에 담는다.

대사 증진 혈행 촉진

주요리

대사
증진

안티
에이징

피부
미용

온천란 진저 토스트

온천란을 넣으면 매일 먹는 평범한 아침식사가 풍성해진다.
음료는 진저 소이 라떼(만드는 법은 79쪽 참조)를 이용하면 몸을 따뜻하게 해주는 효과도
배가 된다. 든든한 아침식사로 하루를 건강하게 보내자.

에너지	256kcal
단백질	12.8g
지질	12g
비타민 A	206mg
식염	1.4g

재료(2인분)

배아 빵	4장
소송채	2단
햄	2장
올리브 오일	2작은술
채 썬 생강	1/2쪽
소금, 후추	각 약간씩
온천란	2개

만드는 법

❶ 소송채는 3cm 간격으로 자르고, 햄은 폭이 1cm가 되도록 반으로 자른다.

❷ 프라이팬에 올리브 오일을 두른 뒤 ❶과 생강을 살짝 볶고, 소금, 후추로 맛을 낸다.

❸ 가볍게 구워낸 빵에 온천란을 얹고, 그 위에 빵을 올린다.

톡톡 쏘는 생강 풍미의 수박 젤리

칼륨이 풍부한 수박은 이뇨 작용이 탁월해 부종의 예방에 효과가 있다.
생강과 의외로 잘 어우러져 각 재료의 장점을 즐길 수 있다.

대사 증진　안티 에이징　피부 미용

재료(2인분)

수박·······················80g
젤라틴 파우더·················4g
물·······················2큰술
사이다·················1컵(200cc)
간 생강·····················1작은술

만드는 법

❶ 수박은 껍질과 씨를 제거하고, 한 입 크기로 잘라 유리그릇에 담아낸다.

❷ 큰 내열 용기에 담은 뒤 물을 붓고 젤라틴 파우더를 뿌려 섞은 다음 전자레인지에서 40초 동안 가열한다.

❸ ❷에 살짝 사이다를 붓고 생강을 섞어 ❶의 용기에 굳힌다.

에너지	63kcal
단백질	2.0g
지질	0g
칼륨	55mg
식염	0g

에너지	118kcal
단백질	3.9g
지질	3g
칼슘	122mg
식염	0.1g

대사 증진　피부 미용

복숭아 젤라또

식물성 식이 섬유가 풍부한 복숭아는 변비 해소 효과가 크다.
플레인 요구르트에 부족한 칼슘을 보충할 수 있다.

재료(2인분)

플레인 요구르트·················200g
황도 복숭아(반토막으로 자른 복숭아 2개)
·······················100g
A ┌ 황도 복숭아 즙·················2큰술
　└ 간 생강·····················2작은술
민트 잎·······················적당량

만드는 법

❶ 냉동용 보존 팩에 황도를 넣은 뒤 복숭아 윗부분부터 으깬다.

❷ ❶에 플레인 요구르트와 A를 넣고 새로 섞어주듯 손으로 으깨 입구를 짜서 냉동고에서 40분~1시간 정도 얼린다.

❸ 봉지 옆 부분을 잘라 짜내고, 민트 잎을 곁들인다.

진저 소이 라떼

우유 대신 두유와 조화를 이룬 라떼이다.
두유에 함유된 이소플라본은 호르몬의 기능을
정돈해주는 역할을 한다.

대사
증진

안티
에이징

드링크&디저트

재료(2인분)

두유	1컵(200cc)
커피	1컵(200cc)
간 생강	2작은술
설탕	2작은술

만드는 법

❶ 두유는 내열 용기에 넣고 전자레인지에 1
분 동안 가열한다.
❷ 컵에 커피를 넣은 뒤 ❶과 간 생강을 더해
잘 섞는다.

에너지	81kcal
단백질	3.4g
지질	4g
칼륨	249mg
식염	0.1g

대사
증진

안티
에이징

피부
미용

호박쩨

단호박의 달콤한 맛을 돋우어주고 몽글몽글한 식감을
가진 레시피이다. 듬뿍 담긴 비타민 A와 E는 안티에
이징과 피부 미용에 도움을 준다.

재료(2인분)

실한천	2g
호박	100g
A ┌ 우유	1/2컵(100cc)
│ 설탕	4작은술
└ 간 생강	2작은술
호박 껍질	적당량

만드는 법

❶ 실한천은 물에 불려 물기를 짠 뒤 그릇에 넣는다.
❷ 호박은 내열 용기에 젖은 페이퍼타월을 올려 랩을
씌운 뒤 전자레인지에 2분 동안 가열하고 껍질을
벗긴다.
❸ A를 내열 용기에 넣고 전자레인지에 2분 동안 더
가열한다.
❹ 믹서기에 ❷의 호박과 ❸을 약간씩 넣어가면서 섞
는다. 걸쭉한 상태가 되면 ❸의 나머지를 넣고 섞
는다. ❶에 넣는다.
❺ 호박의 껍질을 예쁘게 잘라 장식한다.

에너지	142kcal
단백질	4.5g
지질	4g
비타민 A	205mg
식염	0.1g

내 몸을 살리는

생강 365일

2015. 11. 17. 1판 1쇄 인쇄
2015. 11. 25. 1판 1쇄 발행

감수 | 와카미야 히사코
옮긴이 | 신미성
펴낸이 | 이종춘
펴낸곳 | BM 성안당
주소 | 121-838 서울시 마포구 양화로 127 첨단빌딩 5층(출판기획 R&D 센터)
      413-120 경기도 파주시 문발로 112(제작 및 물류)
전화 | 02) 3142-0036
      031) 950-6300
팩스 | 031) 955-0510
등록 | 1973.2.1 제13-12호
출판사 홈페이지 | **www.cyber.co.kr**
ISBN | **978-89-315-7885-0 (13590)**
정가 | 10,000원

이 책을 만든 사람들
책임 | 최옥현
진행 | 신미성
본문 디자인 | 김인환
표지 디자인 | 박원석
홍보 | 전지혜
국제부 | 이선민, 조혜란, 신미성, 김필호
마케팅 | 구본철, 차정욱, 나진호, 이동후, 강호묵
제작 | 김유석

SHOUGA 365NICHI-KARADA POKAPOKA! BYOKI NI NARANAI MENEKI POWER
© 2015 Hisako Wakamiya
Original Japanese edition published by Izumi Shobo
Korean translation rights arranged with Izumi Shobo
through The English Agency (Japan) Ltd. and Danny Hong Agency